Learning

富谷昭夫

Akio Tomiya

これならわかる 機械学習入門

講談社

序文

17 世紀のニュートンから現代に至るまで、理論物理学はその時代時代における高度な数学・計算を使ってきたため、自動車業界における F1 のように数学・数値計算などの分野の（ある点において）牽引役になってきたことは否めないだろう。逆に一般相対性理論に微分幾何学が使われているように、また物性物理や素粒子物理の研究にスーパーコンピュータが使われているように、他分野の素晴らしい成果を道具として物理の研究に使う、というのは物理学に携わる多くの研究者が行ってきたことでもある。そしてこれら 2 つの視点は独立でなく、様々な学問はお互いに刺激し合いつつ、全体として発展してきた。

本書では、機械学習の技術が物理学分野における道具の 1 つという立場に立って、初等的な事項から解説する。後半では機械学習の中でも特にニューラルネットワークを具体例に挙げて解説するが、前半は機械学習の基礎的な事項や考え方について説明する。一方で、逆の立場である物理の知見がニューラルネットワークの研究にいかに役に立つかは前著『ディープラーニングと物理学』[1] を参照してほしい。また本書の性格上、機械学習や統計の記法をなるべく用いるようにした。これは読者がそれらの分野の教科書へ進む際に役立つと考えたからである。前著[1] と重複する内容も一部あるが、重要な事項であるため繰り返した。難易度が高い箇所も少しできてしまったが、基本的には入門的な内容になっているはずである。

本書では前著とは異なり TensorFlow/Keras による実装を含めた。また Python に不慣れな読者のために Python 入門に 1 つの章を費やしている。本書は、最終章で *Nature Physics* 誌に掲載された結果[2] の一部を再現することを目標とする。その最終章に向かうまでに様々な理論的な寄り道をしたが、寄り道した箇所には概念的な事柄が含まれており、それらは目先の応用というよりは長期的、基礎からの理解を目指したものである。なお Python や TensorFlow/Keras の詳しい機能については最低限のことにしか踏み込まないので、より高度なことを行う際には、「おわりに」に記したような実装について解説している書籍や TensorFlow の公式ページにあるチュートリアルを参照してほしい。

本書は理想化・簡単化した状況から現実に近づけていく、という方針をとっている。これは物理学においてよく行われることであり、たとえば力学で摩擦を無視したり、流体力学で圧縮を無視したりなどである。現実から離れている状況とはいえ、単純化してこそ見える事柄があり、理解を促すと考えた。

本書の目的は、物理学科（もしくは近隣の学科）に在籍する学生が機械学習の手法であるニューラルネットワークやその背後にある統計的なアイデアに親しみをもち、手を動かして Python コードを書いて計算できるようになることである。論理・数学・プログラミング用語の精密さや粒度は一般的な物理学科の学生が理解できるようにしたつもりである。

かのガリレオは著書『天文対話』[3] を当時の学問的公用語であるラテン語でなく、日常用語のイタリア語で書いた。それは一部の知識階級のみに知識を独占させるのではなく、多くの人に考えを広めたかったからであると言われている。本書もそのように、多くの人にとってわかりやすい言葉で新たな知識に触れられる入門書になることを願う。

本書には、専門家の方々には叱られるような表現・説明などが多くあると思われる。賢い読者の皆さんにはそのような表現を他教科書と比較することにより、さらに深い理解を目指してほしい [*1]。

もし本書を最初に読んだときに最後まで読み通せなくとも、じっくり時間をかけて読み進めていただければ幸いである。

“Every great wizard in history has started out as nothing more than what we are now, students.
If they can do it, why not us?”

—— J. K. Rowling[4]

*1 書籍（特に大学以降の教科書）は一般的にそのような読み方が推奨される。

目次

第1章 データとサイエンス

1.1 物理学とデータサイエンス

1609年夏、**ガリレオ・ガリレイ**はオランダのメガネ職人があるものを発明したことを耳にした[5]。発明されたばかりの道具に自分なりの改良を加えて、ガリレオはいくつかの天文学上の発見をした。当時の天文学者や哲学者からは、その新たな道具が真実を歪めているなどと反発があったようだが、その発見はニュートン、オイラー、ラプラスらを通じて現代につながる太陽系と重力の知識をもたらした。そのあるものとは後の望遠鏡[*1]である。新しい道具は分野を開くという歴史上の1つの例である。

深層学習をはじめとする機械学習という新たな道具は物理学の進展にどんな影響を及ぼすのだろうか。

1.2 最小2乗法とオーバーフィット

ガリレオはそれまでの自然哲学者とは異なり、観測データに合う数理モデルを作ってデータを予測できるような理論を追求した最初の人物であるため、最初の物理学者と呼ばれている[5]。この節ではガリレオによって発

*1　1611年に望遠鏡と命名された。

見された[*2]落体の法則に、データに基づく知見から迫ってみよう[*3]。

1.2.1 ガリレオの落下実験

時間の関数として物理量が得られたとする。このときにデータのない時刻での物理量を予測できるだろうか。ここではまず理想的に誤差のない場合でガリレオの実験データ[5]を見ていこう[*4]。

データの解析の前に彼の実験について説明する[5]。ガリレオは当時、精密な時計がなかったために落下を直接見るのではなく、緩やかに傾いている平面にボールを転がして斜辺上の到達距離を調べた。ここでは、これも落下ということにする。彼の時代には振り子時計はなかった[*5]ので、彼は一定のリズムで歌いながら何回もボールを転がし、一節でボールがどこまで到達したか、節ごとに到達位置に印をつけた。正確に印をつけられるようになったところで一節でどれだけボールが転がったかを測定した。全時間を8等分し、最初の1/8で転がった距離を1単位として距離を調べてみたところ、**表1.1**の左のようになった。まず彼の1単位時間あたりにボールが進んだ距離は1、3、5、7、9、$\cdots$ であった。これらを順に足していくと、時刻0からの経過時間1単位ごとの各時点で測った落下距離が得られ、1、4、9、16、25、$\cdots$ ということになる。落下距離は経過時間の2乗になっているように見える。そういった解析・考察の結果をまとめたのが**表1.1（右）**で、それを図示したのが**図1.1**である。

結果を見ると明らかに2次関数を示唆しているが、以下のようなことが気になってくる。

---

*2 落体の法則自体は、実はガリレオによる発見の約50年前に、オランダ／ベルギーの物理学者シモン・ステヴィンによって独立に発表されていたようだ。またステヴィンは力のベクトルによる分解を考えていたようである。しかしここでは、ステヴィン氏に敬意を払いつつもガリレオの発見として説明を行う。

*3 この章のアプローチ（最小2乗法）は正確にはガウスやラプラスらによって行われたもので、ガリレオより後の時代のものである。

*4 科学史に精通した読者は原典にあたるべきだと思うだろうが、そのとおりである。本書ではそこまで踏み込まない。

*5 振り子時計は1657年にオランダの物理学者であるホイヘンスによって発明された。

経過時間	単位時間あたりの距離
0	0
1	1
2	3
3	5
4	7
5	9
6	11
7	13
8	15

経過時間	落下距離
0	0
1	1
2	4
3	9
4	16
5	25
6	36
7	49
8	64

表 1.1 ガリレオの実験[5]。単位は本文で述べられているとおり、ガリレオの個人的なもので記号が存在しない。

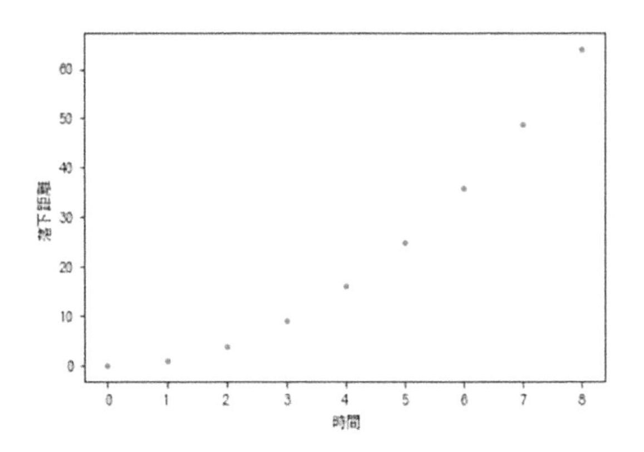

図 1.1 ガリレオの落下実験の図。単位は本文に述べられているとおり、ガリレオの個人的なもので記号が存在しない。

1. 2次関数であることをどのようにしたら確かめられるだろうか？
2. データのない時刻に対してなにか言えることがあるだろうか？

この章と続く章によってこれらの疑問に答えていくことになるが、結論から言うと、1つ目はデータだけからは言えないことが第3章の赤池情報量基準に関する節で説明される。また2つ目は次に述べる最小2乗法を使うことでデータのない時刻での落下距離を予測することができる、というのが答えとなる。

1.2.2 最小2乗法

ここではデータのない時刻のデータを推測する手法である**最小2乗法**を導入する *6。再び例としてボールの落下を考えてみる。経過時間 t の関数として落下距離 x が得られたとして、全部で N_D 個のデータが集まったとする。これを下記のように x と t のペアの集合として書く。

$$\mathcal{D} = \{(t_1, x_1),\ (t_2, x_2),\ \cdots,\ (t_d, x_d),\ \cdots,\ (t_{N_D}, x_{N_D})\} \tag{1.2.1}$$

ガリレオの実験データの場合は、

$$\begin{aligned}&(t_1, x_1) = (0, 0),\ \ (t_2, x_2) = (1, 1),\ \ (t_3, x_3) = (2, 4),\\ &(t_4, x_4) = (3, 9),\ \ (t_5, x_5) = (4, 16),\ \ (t_6, x_6) = (5, 25),\\ &(t_7, x_7) = (6, 36),\ \ (t_8, x_8) = (7, 49),\ \ (t_9, x_9) = (8, 64)\end{aligned}$$

であり、$N_D = 9$ である。

高校物理では落体の法則として「落下距離は落下時間の2次関数になる」ということを学んだ。実際にデータもそれを示していそうである。しかし、しばらくの間は落体の法則（すなわち、初期位置と初期速度と重力加速度で落下距離が決まること）をあえて忘れて、時間と落下距離の関係を

$$f_{\{a,b,c\}}(t) = at^2 + bt + c \tag{1.2.2}$$

だと仮定して話を進めてみよう *7。a, b, c は実数のパラメータで1つ1つのデータの組 (t_d, x_d) に対して、$at_d^2 + bt_d + c$ と x_d を比較することで決める。もしパラメータが決まれば、任意の時間 t での落下距離が決まることになる。

さて最適なパラメータをどうやって決めるとよいだろうか？ 適当に a, b, c を決め、目視で調整するというのも手ではあるが、今回はデータ点と仮定した曲線の差の2乗 *8 の和が最小になるようにパラメータを決めよう。こ

*6 他にもたくさんの予測法があるが、ここでは一番簡単な最小2乗法を説明する。

*7 ここの関数形の仮定は、機械学習におけるモデル設計に相当する。もちろんより高次の項を含めてもよいが、図1.1から2次までで十分に見えることから、ここでは2次までとした。

*8 絶対値や4乗などでもいいような気がするが、2乗には良い性質がある。これは3.6節の最尤（さいゆう）法の箇所で説明される。

れを最小 2 乗法と呼ぶ。データと説明する曲線の差の 2 乗の和の 1/2 は

$$E_{\{a,b,c\}}(\mathcal{D}) = \frac{1}{2}\sum_{d=1}^{N_D}(f_{\{a,b,c\}}(t_d) - x_d)^2 \tag{1.2.3}$$

と書ける。1/2 は後で便利になるようにつけた。具体的には、

$$E_{\{a,b,c\}}(\mathcal{D}) = \frac{1}{2}\sum_{d=1}^{N_D}(at_d^2 + bt_d + c - x_d)^2 = E \tag{1.2.4}$$

である。この E は**誤差関数**と呼ばれる実験データ $\mathcal{D}$ に依存する a, b, c の関数である。この E は a, b, c に対して 2 次の関数になっていることに注意しておこう。実験データ $\mathcal{D}$ に対してパラメータ a, b, c を調節して、E を最小化するのが目標である。それには偏微分という手法が便利であるので以下で説明しよう。

偏微分

ここでは**偏微分**を例をもって取り上げる。たとえば、以下の関数を考えよう。

$$f(x) = ax^3 + 4b \tag{1.2.5}$$

高校で習ったとおり、この関数は x に着目して微分すると $3ax^2$ である。これを a でも b でもなく x に対して微分するという気持ちを込めて

$$\frac{\partial}{\partial x}f(x) = 3ax^2 \tag{1.2.6}$$

というふうに書こう。ここで ∂ は、ラウンドディーやパーシャルと呼ばれる [*9]。この関数は x の関数であるが、一方で a や b に関しても依存しているため a と b の関数と見ることもできる。そこで a に着目したときの微分や b に着目したときの微分を以下のように書くことにしよう。

$$\frac{\partial}{\partial a}(ax^3 + 4b) = x^3 \tag{1.2.7}$$

*9 LaTeX 記号では、\partial と書く。

$$\frac{\partial}{\partial b}(ax^3+4b)=4 \tag{1.2.8}$$

このように、多変数関数のある変数に着目したときの微分を偏微分と呼ぶ。2変数関数の偏微分の定義を与えておこう。とは言っても1変数の関数のときの定義の単純な拡張で

$$\frac{\partial}{\partial x}f(x,y)\equiv\lim_{h\to 0}\frac{f(x+h,y)-f(x,y)}{h} \tag{1.2.9}$$

と与えられる。基本的には普通の微分と同じように扱ってよい。偏微分でも合成関数の微分、いわゆる**連鎖律**（chain rule）が成立する。たとえば、合成関数 $f(g(ax+b))$ を a について偏微分してみると

$$\frac{\partial}{\partial a}f(g(ax+b))=\frac{\partial f(g)}{\partial g}\frac{\partial g(ax+b)}{\partial(ax+b)}\frac{\partial(ax+b)}{\partial a} \tag{1.2.10}$$

$$=\frac{\partial f(g)}{\partial g}\frac{\partial g(t)}{\partial t}x \tag{1.2.11}$$

となる。

他にも $z(t)=f(x(t),y(t))$ のように2つの独立変数 x,y に依存する関数で、さらに x と y がパラメータ t に依存するときの t に関する偏微分は

$$\frac{\partial z(t)}{\partial t}=\frac{\partial f}{\partial x}\frac{dx(t)}{dt}+\frac{\partial f}{\partial y}\frac{dy(t)}{dt} \tag{1.2.12}$$

と2つの和になる。このように関数が複数の変数に依存する場合の連鎖律は和の形になる。たとえば3変数に依存する $z(t)=f(x_1(t),x_2(t),x_3(t))$ の場合には

$$\frac{\partial z(t)}{\partial t}=\frac{\partial f}{\partial x_1}\frac{dx_1(t)}{dt}+\frac{\partial f}{\partial x_2}\frac{dx_2(t)}{dt}+\frac{\partial f}{\partial x_3}\frac{dx_3(t)}{dt} \tag{1.2.13}$$

$$=\sum_{j=1}^{3}\frac{\partial f}{\partial x_j}\frac{dx_j(t)}{dt} \tag{1.2.14}$$

という具合である。詳細は微積分の教科書に譲り、最小2乗法の話に戻ろう。

最小2乗法

高校数学を思い出すと、2次式の最小値・最大値問題は、微分をとって

0とおいた方程式を解いてもよかった。E は a, b, c に対して2次の関数になっていたのでこの議論が使えそうである。多変数の場合には微分の代わりに偏微分をとればよいことが知られている *10。そこで今まで考えていた誤差関数

$$E = \frac{1}{2}\sum_{d=1}^{N_D}(at_d^2 + bt_d + c - x_d)^2 \tag{1.2.15}$$

を a, b, c で偏微分することで調べてみよう。

$$\frac{\partial E}{\partial a} = \frac{1}{2}\sum_{d=1}^{N_D}\frac{\partial}{\partial a}(at_d^2 + bt_d + c - x_d)^2 \tag{1.2.16}$$

$$= a\sum_{d=1}^{N_D}t_d^4 + b\sum_{d=1}^{N_D}t_d^3 + c\sum_{d=1}^{N_D}t_d^2 - \sum_{d=1}^{N_D}x_d t_d^2 \tag{1.2.17}$$

$$\frac{\partial E}{\partial b} = \frac{1}{2}\sum_{d=1}^{N_D}\frac{\partial}{\partial b}(at_d^2 + bt_d + c - x_d)^2 \tag{1.2.18}$$

$$= a\sum_{d=1}^{N_D}t_d^3 + b\sum_{d=1}^{N_D}t_d^2 + c\sum_{d=1}^{N_D}t_d - \sum_{d=1}^{N_D}x_d t_d \tag{1.2.19}$$

$$\frac{\partial E}{\partial c} = \frac{1}{2}\sum_{d=1}^{N_D}\frac{\partial}{\partial c}(at_d^2 + bt_d + c - x_d)^2 \tag{1.2.20}$$

$$= a\sum_{d=1}^{N_D}t_d^2 + b\sum_{d=1}^{N_D}t_d + c\sum_{d=1}^{N_D}1 - \sum_{d=1}^{N_D}x_d \tag{1.2.21}$$

複雑に見えるが、$\sum_{d=1}^{N_D} t_d^4$ などの和はデータから決まる定数である。見た目を簡単にするために、以下のように定数を定義しよう。

$$C_1 = \sum_{d=1}^{N_D}t_d^4,\quad C_2 = \sum_{d=1}^{N_D}t_d^3,\quad C_3 = \sum_{d=1}^{N_D}t_d^2,\quad C_4 = \sum_{d=1}^{N_D}t_d,\quad C_5 = \sum_{d=1}^{N_D}1,$$
$$C_6 = \sum_{d=1}^{N_D}x_d t_d^2,\quad C_7 = \sum_{d=1}^{N_D}x_d t_d,\quad C_8 = \sum_{d=1}^{N_D}x_d \tag{1.2.22}$$

すると解くべき連立方程式 $0 = \frac{\partial E}{\partial a} = \frac{\partial E}{\partial b} = \frac{\partial E}{\partial c}$ は、

*10 詳細は、多変数の微積分が議論されている微積分学の教科書を参照のこと。

$$0 = \frac{\partial E}{\partial a} = aC_1 + bC_2 + cC_3 - C_6 \tag{1.2.23}$$
$$0 = \frac{\partial E}{\partial b} = aC_2 + bC_3 + cC_4 - C_7 \tag{1.2.24}$$
$$0 = \frac{\partial E}{\partial c} = aC_3 + bC_4 + cC_5 - C_8 \tag{1.2.25}$$

となる。3つの未知変数 a, b, c に対して3つの連立方程式であるために解くことができる *11。ここでは具体的に a, b, c について解きはしないが後に出てくる行列というアイデアを用いれば、この連立方程式は（少なくとも形式的には）容易に解くことができる *12。このようにデータに当てはまる曲線を決める操作のことを一般的に**フィッティング**（fitting）と呼び、また、フィッティングによって決まった曲線を**フィット曲線**と呼ぶ。

ここでは (1.2.2) のように仮定してフィットを行ったが、今のように関数の出力がパラメータに対して

パラメータ1×（パラメータの入らない入力値の関数）
　　＋パラメータ2×（パラメータの入らない入力値の関数）＋⋯

となるものでフィットを行うことを**線形回帰**という。線形とは直線を意味し、一方で今の場合にフィット関数は2次関数になっているように見えるが、パラメータに関して1次（線形）である *13 ためにこのように呼ばれる。

さて上の例のようにいったんフィット曲線が決まると、落下時間 t を指定すると任意の落下距離が予測できることになる。このように過去のデータを用いると予測が可能となることがわかった。もちろん制限はあって、たとえば**表 1.1** にあるような t の範囲ではデータの範囲内であるから予測値が当たる公算は大きいだろう。一方でたとえば $t < 0$ に関してもフィット曲線から x の値は決まるがその数字の意味はよくわからない。また大きな t に関しても x が実験した斜面の長さを超えていたら明らかにおかしい。

*11 線形代数を既習の読者もしくは勘の良い読者はこの方程式が解をもつかということを気にするであろう。その質問は後ほど触れる話に関連するため覚えておいて、今は解けるものと仮定しておいていただきたい。

*12 余力のある読者は、a, b, c について解いて公式を導出してみよ。また式が $at + b$ という1次式のときにはどうなるか、考察してみよ。

*13 線形という用語について詳しくは次章で説明される。

このようにデータが存在する範囲内での予想ができそうだ、という範囲にとどまる。データにある区間に関してフィット曲線を使って予測することを内挿といい、外側を使って予測することを外挿という。一般に内挿は良い予測を与えると期待できるが、外挿は外れても文句は言えない。

さて、ここまではデータに誤差を仮定してこなかった。以下では誤差が入ると今までの話がどうなるかを考えていこう。

1.2.3 誤差の入ったデータ

前節では、誤差のない場合に、最小２乗法を通してデータからフィット曲線を求める方法について述べた。しかし、実際に測定されているデータでは誤差が混入してしまう [*14]。ガリレオの落下実験においても、ガリレオが毎回完璧に同じリズムで歌い、正しい経過時間を記録できたとは思えない。これも誤差である。実験における測定の誤差は大きく

1. **偶然誤差**
2. **系統誤差**

の２つに分けられる。どちらの誤差もデータを先ほど見たような理想的なものから歪めてしまう。

先に系統誤差について述べておこう。たとえば、実際は 1 cm である長さに誤って「1.1 cm」と目盛りが振られている間違った定規を使って実験をしてしまったとしよう。すると長さに関連する量が全て 1.1 倍されてしまうだろう。このようにずれ方が一方に寄ってしまう間違い方を一般に系統誤差という。系統誤差は大抵の場合取り除くのが難しい。系統誤差を推定する直観的な方法としては、今の場合にはいろいろな定規を使って実験をやり直すことである。しかしながら、たとえば実験室にある定規が同じメーカーの同じずれ方をしているものだったら検知はできず、疑いだしたらきりがないわけである。そこでできる最大限のことは、どうやって系統誤差を推定したか（たとえば、いろんな手法を比較したなら何を比較した

*14　誤差論はそれだけで１つの分野であり、全てを述べることはできない。詳細は[6,7] を参照のこと。

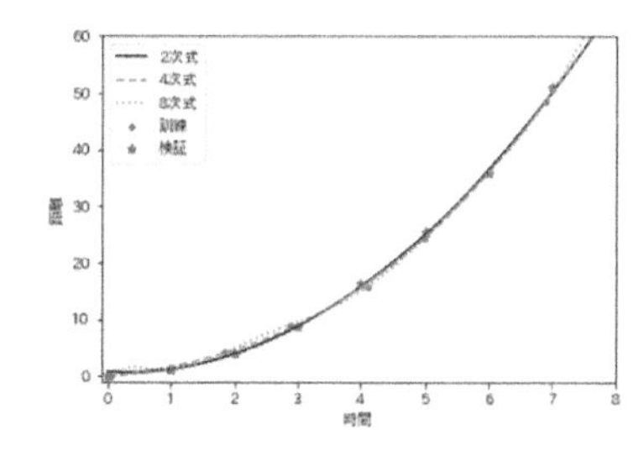

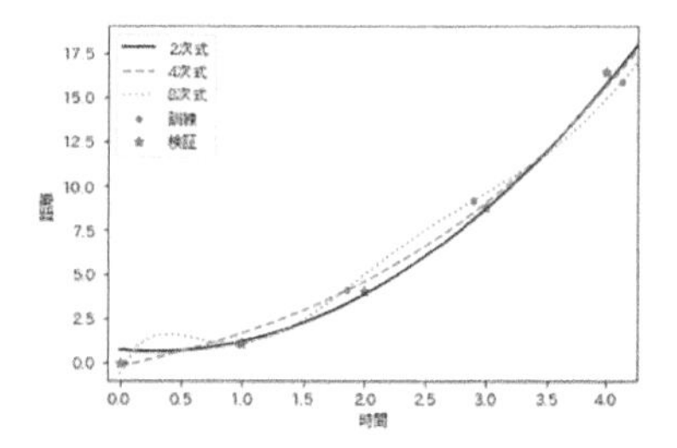

図 1.2 誤差を含めたガリレオのデータ。左が全体図で右が原点付近の拡大である。

次数	2乗誤差（訓練）	2乗誤差（検証）	AIC
1	1.718484×10^{2}	137.253731	278.507462
2	1.955879	10.853043	27.706086
3	7.432837×10^{-1}	15.310435	38.620870
4	6.645515×10^{-1}	14.526749	39.053497
5	4.319636×10^{-1}	13.245591	38.491182
6	2.088003×10^{-1}	15.892570	45.785140
7	1.898151×10^{-1}	17.102239	50.204478
8	5.719098×10^{-22}	8.833966	35.667932

表 1.2 誤差のあるデータに多項式フィットを当てはめたときの誤差関数の値（2乗誤差）。AIC については本文参照のこと。

か）を記録に残し、論文・レポート等に記述しておくことである。

次に偶然誤差があるときにどのようなことが起こるか見ていこう。まずガリレオのデータをフィットした後に人工的にノイズを加え、仮想的に実験し直したのが**図 1.2** のオレンジの丸（全部で9点ある）である。一般に2次関数であるとは限らないので、2次、4次、8次の式でフィットしたのが図の実線、破線、点線である。オレンジの丸とフィット曲線だけを見ると点線（8次式）が1番当てはまりが良いように見える。実際そうなっており、**表 1.2** の項目「2乗誤差（訓練）」に多項式フィットを行った結果の誤差関数の値を示した。表を見てみると9点のノイズ込みのデータに対して8次式（9個のパラメータ）が一番小さな2乗誤差を与えている。しかしパラメータ数と連立方程式の数を考えると9点を通る曲線が必ず引けるため、データ点の間を結ぶ曲線には意味がなさそうである。

このようにフィットする関数の自由度を大きくすると確かに当てはまり

が良くなるように見えることがある。これはデータの意味のある部分でなく、誤差に対して当てはめが行われてしまっている。このような状況を**オーバーフィット**（overfit、**過適合**）しているという。また一方で、**表 1.2** の 1 次式のようにうまくフィットできていないような状況を**アンダーフィット**（under fit、**未適合**）という。アンダーフィットは、フィット関数のパラメータを増やして複雑にしていけば防げると考えられるが、オーバーフィットは、どのようにしたら（なるべく）客観的に排除できるだろうか。

そこで、もう一度独立に実験したデータを**図 1.2** の青の星印で示した[*15]。このような「フィットに使ったデータと同じ性質をもっているが、フィットに使っていないデータ」を**検証データ**（validation data）と呼ぶ[*16]。一方でフィットに使うデータを**訓練データ**（training data）と呼ぶ。青色の星印を見ると、8 次の式の曲線よりは 2 次の曲線の近くを通っていると言えそうである。**表 1.2** の項目「2 乗誤差（検証）」には対応する 2 乗誤差を載せてある。これを見ると 8 次式が 1 番小さな誤差を与えており、2 番目が 2 次式である。フィットの目的は、未知のデータを既知のデータから説明することだった。我々はこのデータが 2 次式から作られていることを知っているので、この検証データから計算した 2 乗誤差も良い指標になっていないように見える。

恣意的に見えるが、検証データから計算した 2 乗誤差とパラメータ数の 2 倍を加えた量を考えてみよう。これは AIC（**赤池情報量基準**、Akaike Information Criterion）と呼ばれている量である[8]。すなわち

$$\mathrm{AIC} = 2 \times (2\text{ 乗誤差（検証）}) + 2 \times \text{パラメータ数} \tag{1.2.26}$$

を計算してみる[*17]。AIC の計算結果を**表 1.2** の項目「AIC」にまとめたが、2 次式で最小値を与えていることがわかる。AIC については第 3 章で確率分布などと合わせて導入するが、AIC はこのようにフィットを行うときに、考えている関数の中でどれがもっともらしいかを決めるときの 1 つ

*15 先ほどと同じ程度のノイズを独立に加えたものになっている。

*16 今の場合には実験を繰り返して行えるため大丈夫であるが、実務において時系列データの取り扱いには注意が必要である。実際の時系列に並んだ観測データを用いる場合には、ある時点までのデータを訓練データ、その時点以降のデータを検証データにするべきである。

*17 第 3 章でこの式の意味を見るが、一般の場合には 2 乗誤差では書けないことを指摘しておく。

の基準を与える。

1.3 テイラー展開と振り子の等時性

1.3.1 テイラー展開

この小節では関数を調べる強力な道具としてテイラー展開を導入する。テイラー展開を用いると様々な複雑な関数に対して計算が可能となる。次の小節で物理への応用である振り子の問題へテイラー展開を応用する。

まず初項1、公比 x、$|x| < 1$ の等比級数の無限和の公式を思い出してみる。それは

$$\frac{1}{1-x} = 1 + x + x^2 + x^3 + x^4 + \cdots \tag{1.3.1}$$

である。ここで右辺を適当な次数で止めて左辺の近似式として見てみると、$|x| \ll 1$ のときにうまくいく近似を与えることがわかる。たとえば、$x = 0.01$ のとき、左辺は $1.01010101\cdots$ で、右辺は3次までとると 1.010101 となり、近似できていることがわかる。また両辺を x で積分すると、

$$\log|1-x| = x + \frac{1}{2}x^2 + \frac{1}{3}x^3 + \frac{1}{4}x^4 + \cdots \tag{1.3.2}$$

という式を得る。上式を使うと対数関数に関する多項式での近似式を得ることができる。このような多項式による表示は非常に便利である。なぜなら今の例でも x の領域に制限はあるものの、右辺は素性の明らかな関数なので計算ができたり、左辺を知らなくてもグラフを書いて関数の様子を調べたりすることができるからである。

このような多項式による表示を一般の関数に対して行えないだろうか？ つまり、

$$f(x) = c_0 + c_1 x + c_2 x^2 + c_3 x^3 + c_4 x^4 + \cdots \tag{1.3.3}$$

と書いたときに、c_j $(j = 0, 1, 2, \cdots)$ を決めることができるだろうか？ 以下で発見的に決めていくことにしよう *18。

*18 これより下の説明は[9]を参考にした。

$x = 0$ を代入すると c_0 は直ちに $f(0)$ であることがわかる。c_1 は、両辺を微分した式

$$f'(x) = c_1 + 2c_2x + 3c_3x^2 + 4c_4x^3 + \cdots \tag{1.3.4}$$

で、$x = 0$ を代入していけば $f'(0) = c_1$ であることがわかる。ここで $f'(0)$ は微分の後に $x = 0$ を代入している。くどくなるが c_2 は、両辺をさらに微分した式

$$f''(x) = 2c_2 + 3 \cdot 2c_3x + 3 \cdot 4c_4x^2 + \cdots \tag{1.3.5}$$

で $x = 0$ とした式から $c_2 = f''(0)/2$ とわかる。

一般になめらかな関数 *19 に対して

$$f(x) = f(0) + f'(0)x + \frac{1}{2}f''(0)x^2 + \frac{1}{3!}f'''(0)x^3 + \frac{1}{4!}f''''(0)x^4 + \cdots \tag{1.3.6}$$

$$= \sum_{n=0}^{\infty} \frac{1}{n!} f^{(n)}(0)x^n \tag{1.3.7}$$

という式が成立し *20、これを**テイラー展開**という *21。つまり一言でいうならば、関数に対して微分が求まれば多項式を用いて関数の挙動や値を調べることができる *22。

(1.3.3) を

$$f(x) = c_0 + c_1(x - x_0) + c_2(x - x_0)^2 + c_3(x - x_0)^3 + c_4(x - x_0)^4 + \cdots \tag{1.3.8}$$

に変えると

*19 十分な回数微分ができるような性質の良い関数のこと。

*20 これは嘘で一般には展開可能な関数には制限があるが本書の目的上には重要ではないので触れない。

*21 正確には**マクローリン展開**であるが、物理の文脈ではテイラー展開と呼ぶので、本書でもテイラー展開と呼ぶことにする。(1.3.7) は正しくは $x = 0$ まわりのテイラー展開という。また剰余項の議論があり、重要であるが、本筋を離れるためここでは割愛する。詳細は微積分に関連する数学の教科書を参照のこと。

*22 もちろん、これに当てはまらない例も多数存在する。また、これは進んだ読者へのコメントであるが、ある関数の展開が必要なときにはテイラー展開だけでなく、チェビシェフ多項式 (Chebyshev) などを用いた別の展開が使用できないか検討するべきである。

$$f(x) = f(x_0) + f'(x_0)(x - x_0) + \frac{1}{2}f''(x_0)(x - x_0)^2 + \cdots \tag{1.3.9}$$
$$= \sum_{n=0}^{\infty} \frac{1}{n!} f^{(n)}(x_0)(x - x_0)^n \tag{1.3.10}$$

を得る。本来はこちらを x_0 を中心としたテイラー展開と呼ぶが、物理の文脈ではどちらもテイラー展開と呼ばれる。また ϵ を小さな実数として x を $x + \epsilon$、x_0 を x に置き換えると

$$f(x + \epsilon) = f(x) + f'(x)\epsilon + \frac{1}{2}f''(x)\epsilon^2 + \cdots \tag{1.3.11}$$
$$= \sum_{n=0}^{\infty} \frac{1}{n!} \epsilon^n f^{(n)}(x) \tag{1.3.12}$$

も成立する。

ここで微分を分数のように書く記法を導入すると、この記法でテイラー展開は、

$$f(x) = \sum_{n=0}^{\infty} \frac{1}{n!} x^n \left[\left(\frac{d}{dx} \right)^n f(x) \right]_{x=0} \tag{1.3.13}$$

と書ける。また $f(x + \epsilon)$ の式は、

$$f(x + \epsilon) = f(x) + f'(x)\epsilon + \frac{1}{2}f''(x)\epsilon^2 + \cdots \tag{1.3.14}$$
$$= \sum_{n=0}^{\infty} \frac{1}{n!} \left(\epsilon \frac{d}{dx} \right)^n f(x), \tag{1.3.15}$$

となる。

後の目的のために $f(x) = \sin x$ を $x = 0$ のまわりでテイラー展開してみよう。微分は

$$f^{(1)}(x) = \cos x, \quad f^{(2)}(x) = -\sin x, \quad f^{(3)}(x) = -\cos x, \quad \cdots$$

となる。ここから $\sin x$ のテイラー展開は

$$\sin x = \sin(0) + \cos(0)x - \frac{1}{2!}\sin(0)x^2 - \frac{1}{3!}\cos(0)x^3 + \cdots \tag{1.3.16}$$
$$= x - \frac{1}{3!}x^3 + \cdots \tag{1.3.17}$$

とわかる。この式を使うと x の絶対値が小さいときの $\sin x$ の値がわかる。このように、直接の計算が難しい関数であってもテイラー展開ができれば値を求めることができる。

1.3.2 振り子の等時性

テイラー展開の具体例として、こちらもガリレオによって発見された**振り子の等時性**についてニュートン力学を用いて見直してみよう。ガリレオはピサの大聖堂 *23 に吊られているランプが揺れる様子を観察し、振り子の腕の長さが一定の場合には、振れ角の大きさにかかわらず周期が一定であることを指摘したとされる。しかしこれも逸話であり、実際にはどのように等時性を発見したかは不明であるらしい。

具体的な立式は極座標の取り扱い等、本論から外れることがあるため[10]などの力学の教科書を参照してもらうとして、振り子の運動方程式は、

$$ml\ddot{\varphi}(t) = -mg\sin\varphi(t) \tag{1.3.18}$$

となる。ここで l は振り子の腕の長さ、m はおもりの質量、$\varphi(t)$ は時刻 t での振れ角である（**図 1.3**）。また $\ddot{\varphi} = \frac{d^2\varphi(t)}{dt^2}$ である。式を整理すると

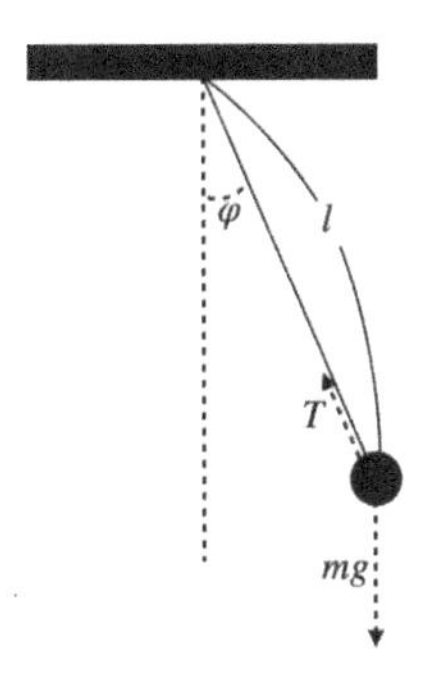

図 1.3 振り子の図。

*23 ピサの斜塔のすぐ隣に建っている建物である。地盤が弱いためか、実はこちらも少し傾いている。

$$\ddot{\varphi}(t) = -\frac{g}{l}\sin\varphi(t) \tag{1.3.19}$$

となる。この微分方程式を解けば、すなわち t で両辺を積分して $\varphi(t)$ について解けば、$\varphi(t)$ を t の関数として調べられるので嬉しいが、右辺の $\sin\varphi(t)$ があるのでどう t 積分していいかわからない *24。そこで $\varphi(t)$ を小さいものとして右辺をテイラー展開し、1次までで展開を打ち切ると

$$\ddot{\varphi}(t) = -\frac{g}{l}\varphi(t) \tag{1.3.20}$$

となるので、これを代わりに積分しよう。表記を変えて見やすくすると

$$\frac{d^2}{dt^2}\varphi(t) = -\frac{g}{l}\varphi(t) \tag{1.3.21}$$

となる。つまり関数 $\varphi(t)$ は t で2階微分すると元に戻る関数である。三角関数は2階微分すると元に戻る関数なので解の資格がある。定数倍した三角関数の和も元に戻る関数であるため、一般の許される解は

$$\varphi(t) = A\sin\left(t\sqrt{\frac{g}{l}}\right) + B\cos\left(t\sqrt{\frac{g}{l}}\right) \tag{1.3.22}$$

と書けることが知られている（解になっているかを調べるには代入してみればよい）。ここで A, B は初期条件で決まる定数である *25。周期は $\sqrt{\frac{g}{l}}$

*24 実はこの積分の解析から楕円積分や楕円関数という重要なものが出てくる。

*25 $t=0$ のときの振れ角を ϕ_0 とすると、

$$\phi_0 = \varphi(0) = A\sin(0) + B\cos(0) = B \tag{1.3.23}$$

また $t=0$ のときの角速度を ω とすると

$$\omega = \dot{\varphi}(0) = A\sqrt{\frac{g}{l}}\cos(0) - \sqrt{\frac{g}{l}}\phi_0\sin(0) = A\sqrt{\frac{g}{l}} \tag{1.3.24}$$

となり、

$$A = \omega\sqrt{\frac{l}{g}} \tag{1.3.25}$$

$$B = \phi_0 \tag{1.3.26}$$

つまり

$$\varphi(t) = \omega\sqrt{\frac{l}{g}}\sin\left(t\sqrt{\frac{g}{l}}\right) + \phi_0\cos\left(t\sqrt{\frac{g}{l}}\right) \tag{1.3.27}$$

とわかる。

から、特に振れ角に依存せず振り子の腕の長さ l で決まることがわかる[*26]。

これがニュートン力学とテイラー展開を使って調べた振り子の等時性である。この視点に立つと、振り子の等時性は振れ角の小さなときに成立する近似的な関係式であることがわかる。テイラー展開はこのように微分方程式を解くときに使って解の性質を調べたり、また関数の形を多項式で表せるため、多くの場合に応用される。

*26 ちなみに、これを拡張すると重力加速度を精度良く測定する手法が導出できる。

Column

武谷の三段階論

武谷三男は、物理学におけるモデル化ということを明示的に指摘した20世紀に活躍した物理学者である。**武谷の三段階論**によると物理理論の進展は現象論的段階、実体論的段階、本質論的段階に分けられ、それぞれ

1. **現象論的段階**：データを集め、現象をありのままに記述する段階。
2. **実体論的段階**：データから構造・規則性を見抜く段階。説明のために大胆な仮定をおいてもよい。
3. **本質論的段階**：規則性を支配する本質的なルール、枠組みを与える段階。上記の仮定も含めて説明する。

である。これは現象論的な式から背後にある理論へ至る道筋とも言えよう。惑星運動と重力を例に考えてみる。よく知られているように、惑星の運動を精密に測定したのはティコ・ブラーエだった。彼は観測装置の改善や複数回の測定を行うことによって驚異的な精度で惑星の運動を記録した*27。これは現象論的段階であろう。次に現れるのはケプラー*28である。元々ケプラーも惑星の円軌道を信じて計算していたようだが、どうしても師匠であるティコのデータに合わなかった。ケプラーはティコのデータの精度を知っていたので自分の計算を疑ったようだ。そこで当時としては大胆にも楕円軌道を仮定し、太陽系における惑星の軌道を予測した。これは実体論的段階である。そしてニュートンが登場する。

*27 彼は宗教的な信念により惑星の運動を記録していたが、この時代にはまだ望遠鏡が存在せず、大きな分度器のような器具を用いて観測を行っていた。当時としては珍しく、同じ測定を複数回行ってデータの精度を高めていた。また、このとき技師に改良を命じて結果的に観測技術を何世紀分も進めたようだ[11]。ケプラーの偉大な発見の影には技師たちやティコの努力があることを忘れてはいけない。

*28 コペルニクスについても言及しておく必要があるだろう。彼は天動説を否定し地動説を唱えた、と言われているがそれはデータというより宗教的な感覚にも頼ったものだったようだ[12, 13]。

彼は太陽と惑星の重力が距離の逆 2 乗に比例することを仮定 *29 してケプラーの唱えた 3 つの法則を説明した。これは本質論的段階だといえよう。もちろん彼が唱えたのは太陽と惑星の間の重力だけではない。ニュートンは万物の間にあまねく存在する引力を導入し、世界の見方を一変させた *30。

例を挙げればきりがないが、他にも温度の高い物体が色をもって光る現象を説明したプランクによる離散化したエネルギー（エネルギーの量子化）の分布、そしてそれを説明する理論である量子力学や場の量子論がある *31。他にも水銀などの一部の金属は絶対零度付近で電気抵抗が 0 となるが、それを仮定の下に説明するロンドンの理論やギンツブルグ・ランダウの理論があり、さらにそれをミクロな視点から説明する BCS 理論（バーディーン・クーパー・シュリーファー）もある。このように物理はデータを基礎としながらもデータの構造を見抜き仮定をいくつかして説明する段階、さらに仮定を含め多くを説明する段階に沿って発展してきている。日本人なら湯川秀樹によるパイ中間子による核力も含めてよいかもしれない。

素粒子物理も発展中であるので、いまだに実体論的段階である話もある。たとえば小出（こいで）の質量公式といって、荷電レプトンという素粒子の質量に関する等式がある。素粒子の中に電子の仲間は 3 つあり、電子、ミュー粒子、タウ粒子がある。これらは質量以外は全く同じ性質をもつ三つ子のような素粒子である。質量は電子を 1 としたときに、ミュー粒子は 200、タウ粒子は 3500 ほどである。それぞれを m_e, m_μ, m_τ と呼ぶとしよう。なぜ三つ子のようにそっくりなのに質量だけが異なっているかは謎であるが 1 つ面白い関係式がある。それはベクトル $(\sqrt{m_e}, \sqrt{m_\mu}, \sqrt{m_\tau})^\top$

*29 この仮定はアインシュタインの一般相対性理論で取り除かれることになるが、もちろん新たな仮定も導入された。一方で重力を生み出す源が質量だけでなく運動エネルギーもあることや、重力がある場所だと時間が遅れるなどの効果も予言された。これらの予言は実験で確かめられている。これも世界の見方を変えた例だと言えるだろう。

*30 惑星と太陽の間の力が距離の逆 2 乗であることに関して、フックの法則や細胞（cell）の命名で有名なロバート・フックとどちらが先に発見したかという争いがあったようだ[14]。そのいさかいの結果かどうかは定かではないが、ロバート・フックの肖像画は紛失の後、1 点も発見されていない。

*31 プランク分布は多くの量子力学の教科書に記述があるが、その説明には電磁場の量子力学が必要でそれは取りも直さず場の量子論である。

と $(1,1,1)^\top$ の内積から計算される $\cos^2\theta$ である。

$$\cos^2\theta = \frac{1}{3}\frac{(\sqrt{m_e}+\sqrt{m_\mu}+\sqrt{m_\tau})^2}{m_e+m_\mu+m_\tau} \tag{1.4.1}$$

これは現在測定されている結果を代入すると $\theta \approx \pi/4$ を導く。小出義夫はタウ粒子の質量 m_τ が精密に測定される前にこの公式を導き出した[15]。また公式と m_e、m_μ、$\theta = \pi/4$ を逆に仮定して m_τ を推定したが、当時の m_τ の測定値は公式に基づく予想値から離れていた。しかし、この公式を満たすかのように m_τ の値（の中心値）が移動していったという歴史がある。この公式がなぜ成立するかは現在もなお理解されておらず、物理学の未解決問題となっているが、データの構造を見抜いた実体論的段階の式であると言えよう。

ひるがえって機械学習、特にディープラーニングを考えてみよう。ディープラーニングの数理は、甘利俊一に始まる「ある種の平均場近似」を用いた解析[16, 17] によって徐々に明らかになりつつある *32。これは物理で言うところでの実体論的段階にあるように見える。実際、カオスの縁[18, 19] など面白い現象も、「ある種の平均場近似」から見つかっており、計算機での実験でも確かめられている。さらに踏み込んで知能の解明という分野へと思考を向けた場合、それはいまだに現象論的段階ではないだろうか。

*32 物理における平均場近似は後の章で説明される。

第 2 章

行列と線形変換

ここではベクトルを既習のものとして行列を学習する *1。この章と次の章は機械学習やニューラルネットの基礎を押さえる数学を導入するのが目的である。行列を知っている読者はこの章を眺めるだけにしておき、次の章へ進んでもよい。

2.1 ベクトル、行列と線形変換

まずベクトルから話を始める。今はベクトルとして**列ベクトル**というものを考えよう。それは、2 次元ベクトルの場合は 2 つの数を並べたものとして表されて、たとえば

$$\vec{u} = \begin{pmatrix} u_x \\ u_y \end{pmatrix}, \quad \vec{v} = \begin{pmatrix} v_x \\ v_y \end{pmatrix}, \quad \vec{w} = \begin{pmatrix} w_x \\ w_y \end{pmatrix} \tag{2.1.1}$$

のようなものである。列ベクトルは縦に数を並べる約束にする。

ベクトルの重要な性質は、和と実数倍である *2。

*1　2020 年現在の教育課程では行列が高校数学に含まれていないため本章を含めることにした。

*2　実は逆にこの性質を使ってベクトルを定義できる。また実は関数などもベクトルとして捉えることができる。

$$\vec{u}+\vec{v}=\begin{pmatrix}u_x+v_x\\u_y+v_y\end{pmatrix},\quad a\vec{u}=\begin{pmatrix}au_x\\au_y\end{pmatrix} \tag{2.1.2}$$

これらは図として描くと、矢印をつなぐ操作と矢印を伸ばす（縮める）操作として捉えられるのだった。この性質は2次元だけでなく3次元でも成立していた。そこで図は描けないものの、d次元でも成立することを要請し、逆にベクトルの定義として使うことにしよう。これらの性質を**ベクトルの線形性**と呼ぶ。

後で使うので、**行ベクトル**と呼ばれる

$$\vec{u}^\top\equiv\begin{pmatrix}u_x & u_y\end{pmatrix},\quad \vec{v}^\top\equiv\begin{pmatrix}v_x & v_y\end{pmatrix},\quad \vec{w}^\top\equiv\begin{pmatrix}w_x & w_y\end{pmatrix} \tag{2.1.3}$$

と数を横に並べたものを定義する。なお右上の$\top$はtranspose（転置）の意味で、ベクトルの縦向きと横向きを入れ替える。この記法で内積は、

$$\vec{u}\cdot\vec{v}=\vec{u}^\top\vec{v} \tag{2.1.4}$$

と書くことと約束する。また$(\vec{u}^\top)^\top=\vec{u}$である。特にベクトルの長さは、自分自身との内積

$$|\vec{v}|^2=\vec{v}^\top\vec{v}=v_xv_x+v_yv_y \tag{2.1.5}$$

から求まるのだった。

2.1.1 行列入門

以下のように行ベクトルを縦に並べたものを定義しMと呼ぶことにしよう。

$$M=\begin{pmatrix}\vec{u}^\top\\\vec{v}^\top\end{pmatrix}\equiv\begin{pmatrix}u_x & u_y\\v_x & v_y\end{pmatrix} \tag{2.1.6}$$

最後は単に文字を順序どおり並べたものであり、実はこれが**行列**と呼ばれるものである。ここでu_x, u_y, v_x, v_yを行列の要素と呼ぶ。またベクトルに対する等式が成分ごとの等式を意味するように、2つの行列の等式があっ

た場合には成分ごとに対する等式であると約束しておこう。(2.1.6) のように縦に要素が 2 つ、横に要素が 2 つある行列を 2×2 行列という。一般に d 次元行ベクトルを $\vec{u}_1^\top, \vec{u}_2^\top, \cdots, \vec{u}_n^\top$ のように n 本用意して

$$\begin{pmatrix} \vec{u}_1^\top \\ \vec{u}_2^\top \\ \vdots \\ \vec{u}_n^\top \end{pmatrix} = \begin{pmatrix} u_{11} & u_{12} & u_{1d}, \\ u_{21} & u_{22} & u_{2d}, \\ \vdots & \ddots & \vdots \\ u_{n1} & u_{n2} & u_{nd}, \end{pmatrix} \tag{2.1.7}$$

のように並べたものを $n \times d$ **行列**と呼ぶ [*3]。ここで $\vec{u}_j^\top$ の k 番目の成分を u_{jk} とおいた。以下の話は一般の行列にも成立するがほとんどの場合 2×2 に限って説明していく。ここで M_{ij} と書いたときには、行列 M の i 行（上から数えて i 番目）の j 列（左から数えて j 番目）の要素を表すことにする（$i = 1, \cdots, n$、$j = 1, \cdots, d$）。

ベクトルには内積が定義されていたため、行列と列ベクトルを掛けるという行為が自然に定義できる。上記で定義した M と $\vec{w}$ を掛けると次のようになる。

$$M\vec{w} \equiv \begin{pmatrix} \vec{u}^\top \vec{w} \\ \vec{v}^\top \vec{w} \end{pmatrix} \tag{2.1.8}$$

$$\equiv \begin{pmatrix} u_x w_x + u_y w_y \\ v_x w_x + v_y w_y \end{pmatrix} \tag{2.1.9}$$

このように行列と列ベクトルを掛けると列ベクトルになる。

一般の次元の場合の行列に列ベクトルを掛けた結果を要素ごとに書いておこう。A を $n \times m$ 行列、$\vec{y}$ を n 次元列ベクトル、$\vec{x}$ を m 次元列ベクトルとしたときには、

$$y_i = \sum_{j=1}^{n} A_{ij} x_j \tag{2.1.10}$$

となる（$i = 1, 2, \cdots, n$、$j = 1, 2, \cdots m$）。また $\vec{v}M$ のような「列ベクト

*3　縦に並んだ要素の数が先に来て、横に並んだ要素の数が後に来る。

ル掛ける行列」という順番の掛け算は定義されない。

後のために「行ベクトルと行列」という順の掛け算を定義しておこう。これは行列を列ベクトルの束（たば）とみなすことで得られる。

$$\vec{w}^\top M = \vec{w}^\top \begin{pmatrix} u_x & u_y \\ v_x & v_y \end{pmatrix} \tag{2.1.11}$$

$$\equiv \vec{w}^\top \left(\begin{pmatrix} u_x \\ v_x \end{pmatrix} \quad \begin{pmatrix} u_y \\ v_y \end{pmatrix} \right) \tag{2.1.12}$$

$$= \left(\vec{w}^\top \begin{pmatrix} u_x \\ v_x \end{pmatrix} \quad \vec{w}^\top \begin{pmatrix} u_y \\ v_y \end{pmatrix} \right) \tag{2.1.13}$$

$$= \begin{pmatrix} w_x u_x + w_y v_x & w_x u_y + w_y v_y \end{pmatrix} \tag{2.1.14}$$

最後の行ではベクトルの内積を使った。このように定義しておくと行ベクトルと行列を掛けたときに結果が行ベクトルとなり、行列と列ベクトルを掛けたときの対応が良くなる *4。

ここで行列を導入する利点を1つ述べておく。以下のような連立方程式を考えよう。

$$\begin{cases} 3x + 2y = 7 \\ x - y = -1 \end{cases} \tag{2.1.15}$$

これは簡単に解けて $x = 1,\ y = 2$ が解になることがわかるが、連立方程式自体の見方を変えてみよう。今まで定義した行列と行ベクトルの積のルールから次のように書いてもよい。

$$\begin{pmatrix} 3 & 2 \\ 1 & -1 \end{pmatrix} \begin{pmatrix} x \\ y \end{pmatrix} = \begin{pmatrix} 7 \\ -1 \end{pmatrix} \tag{2.1.16}$$

まず既知の部分である行列（係数）と右辺（切片）と未知である左辺の行ベクトルがきれいに分離する。実は単に見やすさだけでなく、以下で説明する逆行列というアイデアで機械的に解くことが可能となったり、連立方程式がどのようなときに解けるかなどが系統的に議論できたりする。

*4 このあたりは線形代数を知っている読者にはまどろっこしく感じるだろう。

さて**行列に対する和と差**を定義しよう。今、我々は行列を行ベクトルを並べたものとして定義したのでベクトルの和と差から自然に行列の和と差が定義される。行列を 2 つ用意しよう。

$$M_1 = \begin{pmatrix} \vec{u}^\top \\ \vec{v}^\top \end{pmatrix} = \begin{pmatrix} u_x & u_y \\ v_x & v_y \end{pmatrix}, \quad M_2 = \begin{pmatrix} \vec{s}^\top \\ \vec{t}^\top \end{pmatrix} = \begin{pmatrix} s_x & s_y \\ t_x & t_y \end{pmatrix} \tag{2.1.17}$$

この 2 つの行列を足すと

$$M_1 + M_2 = \begin{pmatrix} \vec{u}^\top \\ \vec{v}^\top \end{pmatrix} + \begin{pmatrix} \vec{s}^\top \\ \vec{t}^\top \end{pmatrix} \tag{2.1.18}$$

$$= \begin{pmatrix} \vec{u}^\top + \vec{s}^\top \\ \vec{v}^\top + \vec{t}^\top \end{pmatrix} = \begin{pmatrix} u_x + s_x & u_y + s_y \\ v_x + t_x & v_y + t_y \end{pmatrix} \tag{2.1.19}$$

要するに要素ごとに足せばよい。引き算も同様に要素ごとに引き算をすればよい。

$$M_1 - M_2 = \begin{pmatrix} u_x - s_x & u_y - s_y \\ v_x - t_x & v_y - t_y \end{pmatrix} \tag{2.1.20}$$

また実数倍もベクトルであることから自然に定義される。a を実数にとると

$$aM_1 = \begin{pmatrix} a\vec{u}^\top \\ a\vec{v}^\top \end{pmatrix} = \begin{pmatrix} au_x & au_y \\ av_x & av_y \end{pmatrix} \tag{2.1.21}$$

と成分ごとに実数倍される。

行列同士の和と差、行列の実数倍を一般の場合に書いておこう。A, B を $n \times m$ 行列、c を実数とすると、

$$[A + B]_{ij} = a_{ij} + b_{ij} \tag{2.1.22}$$

$$[A - B]_{ij} = a_{ij} - b_{ij} \tag{2.1.23}$$

$$c[A]_{ij} = ca_{ij} \tag{2.1.24}$$

となる $(i = 1, 2, \cdots, n$、$j = 1, 2, \cdots m)$。ただし左辺の記号は i 行 j 列の成分を表し、ij 成分と呼ぶ。また小文字も対応する行列の成分を表す。

次に**行列と行列の積**を定義しよう [20]。先に断っておくが、これは

成分ごとの積ではない。まず簡単のために行列を

$$A = \begin{pmatrix} a_{11} & a_{12} \\ a_{21} & a_{22} \end{pmatrix}, \quad B = \begin{pmatrix} b_{11} & b_{12} \\ b_{21} & b_{22} \end{pmatrix} \tag{2.1.25}$$

と置こう。ベクトル $\vec{v} = \begin{pmatrix} v_x & v_y \end{pmatrix}^\top$ に対して行列の掛け算を考える。そのとき、あるベクトルに行列を 2 つ掛けたときに結果が一致することを要請しよう。

$$A(B\vec{v}) \overset{\text{要請}}{=} (AB)\vec{v} \tag{2.1.26}$$

この左辺をもって右辺、つまり行列同士の積を定義することにする。まず $B\vec{v}$ を計算すると、

$$B\vec{v} = \begin{pmatrix} b_{11} & b_{12} \\ b_{21} & b_{22} \end{pmatrix} \begin{pmatrix} v_x \\ v_y \end{pmatrix} \tag{2.1.27}$$

$$= \begin{pmatrix} b_{11}v_x + b_{12}v_y \\ b_{21}v_x + b_{22}v_y \end{pmatrix} = \begin{pmatrix} v'_x \\ v'_y \end{pmatrix} = \vec{v}' \tag{2.1.28}$$

となる。ただし

$$v'_x = b_{11}v_x + b_{12}v_y \tag{2.1.29}$$

$$v'_y = b_{21}v_x + b_{22}v_y \tag{2.1.30}$$

と置いた。さらに、得られたベクトル $\vec{v}'$ に A を左から掛けたものが (2.1.26) の左辺なので、

$$(2.1.26) \text{ の左辺} = \begin{pmatrix} a_{11} & a_{12} \\ a_{21} & a_{22} \end{pmatrix} \begin{pmatrix} v'_x \\ v'_y \end{pmatrix} \tag{2.1.31}$$

$$= \begin{pmatrix} a_{11}v'_x + a_{12}v'_y \\ a_{21}v'_x + a_{22}v'_y \end{pmatrix} \tag{2.1.32}$$

(2.1.26) の右辺と比較するために $\vec{v}'$ を $\vec{v}$ の言葉で書いて最後に $\vec{v}$ でくくると

$$(2.1.26)\text{ の左辺} = \begin{pmatrix} a_{11}(b_{11}v_x + b_{12}v_y) + a_{12}(b_{21}v_x + b_{22}v_y) \\ a_{21}(b_{11}v_x + b_{12}v_y) + a_{22}(b_{21}v_x + b_{22}v_y) \end{pmatrix} \tag{2.1.33}$$

$$= \begin{pmatrix} a_{11}b_{11}v_x + a_{12}b_{21}v_x + a_{12}b_{22}v_y + a_{11}b_{12}v_y \\ a_{21}b_{11}v_x + a_{22}b_{21}v_x + a_{22}b_{22}v_y + a_{21}b_{12}v_y \end{pmatrix} \tag{2.1.34}$$

$$= \begin{pmatrix} a_{11}b_{11} + a_{12}b_{21} & a_{12}b_{22} + a_{11}b_{12} \\ a_{21}b_{11} + a_{22}b_{21} & a_{22}b_{22} + a_{21}b_{12} \end{pmatrix} \begin{pmatrix} v_x \\ v_y \end{pmatrix} \tag{2.1.35}$$

ここから行列 A と B の積は、

$$AB = \begin{pmatrix} a_{11}b_{11} + a_{12}b_{21} & a_{11}b_{12} + a_{12}b_{22} \\ a_{21}b_{11} + a_{22}b_{21} & a_{21}b_{12} + a_{22}b_{22} \end{pmatrix} \tag{2.1.36}$$

となる。成分表示では $i, j = 1, 2$ として

$$[AB]_{ij} = \sum_{k=1}^{2} a_{ik}b_{kj} \tag{2.1.37}$$

と書ける（行列の積は中に含まれているベクトルの内積になっている）。

次に順序を交換した積 BA を考えよう。

$$BA = \begin{pmatrix} b_{11}a_{11} + b_{12}a_{21} & b_{11}a_{12} + b_{12}a_{22} \\ b_{21}a_{11} + b_{22}a_{21} & b_{21}a_{12} + b_{22}a_{22} \end{pmatrix} \tag{2.1.38}$$

成分表示では、

$$[BA]_{ij} = \sum_{k=1}^{2} b_{ik}a_{kj} \tag{2.1.39}$$

である。これを見ると明らかなように、一般の成分の場合には

$$AB \neq BA \tag{2.1.40}$$

である。このようなとき、積が**非可換**であるといったり、交換しないという。一般の $n \times m$ 行列 A と $m \times l$ 行列 B の積は、

$$(AB)_{ij} = \sum_{k=1}^{m} a_{ik} b_{kj}, \quad (i = 1, 2, 3 \cdots, n,\ j = 1, 2, 3 \cdots, l) \tag{2.1.41}$$

と書ける。

もちろん特定の行列に対しては積の順序によらないものもある。たとえば**単位行列**と呼ばれる特別な行列

$$E = \begin{pmatrix} 1 & 0 \\ 0 & 1 \end{pmatrix} \tag{2.1.42}$$

は任意の行列と交換する。単位行列は特別な行列であり、どんな行列に掛けても相手を変えない。すなわち、

$$EA = \begin{pmatrix} 1 & 0 \\ 0 & 1 \end{pmatrix} \begin{pmatrix} a_{11} & a_{12} \\ a_{21} & a_{22} \end{pmatrix} = \begin{pmatrix} a_{11} & a_{12} \\ a_{21} & a_{22} \end{pmatrix} = AE \tag{2.1.43}$$

となり、単位行列は実数同士の掛け算における“1”のような役割をもつ [*5]。またベクトルに掛けてもベクトルも変えない。

$$E\vec{v} = \begin{pmatrix} 1 & 0 \\ 0 & 1 \end{pmatrix} \begin{pmatrix} v_x \\ v_y \end{pmatrix} = \begin{pmatrix} v_x + 0 \\ 0 + v_y \end{pmatrix} = \vec{v} \tag{2.1.44}$$

さて行列同士に積が定義できたので、“逆”を考えてみたい。ここでの逆とは 0 でない数 r に対する $1/r$ のようなもので、掛け算の下で“1”になる相方のようなものである。行列の意味の 1 に対応するのは単位行列 E だったので、ある行列 M に対して

$$KM = E \tag{2.1.45}$$

となるような K を作れるかということである。このように、いわば M の“逆数”を象徴的に表すものとして、この条件を満たす K を M^{-1} と書くことにしよう。この記法で条件式は

$$M^{-1}M = E \tag{2.1.46}$$

*5 群論ではこのようなものを単位元と呼ぶ。

ということになる。M^{-1} を行列 M の**逆行列**と呼ぶ。

まず具体的な逆行列の説明の前にわかることを議論しよう。行列積が非可換であることは見たとおりだが、定義は掛け算の順序を入れ替えるとどうなるのだろうか。そこで次の条件式を考えてみる。

$$MK' = E \tag{2.1.47}$$

この K' も逆行列と呼べそうである。条件式 (2.1.46) の両辺に右から K' を掛けてみると

$$M^{-1}\underline{MK'} = K' \tag{2.1.48}$$

を得る。さらに下線部に (2.1.47) を代入してみると、

$$M^{-1}E = K' \tag{2.1.49}$$

を得て、$K' = M^{-1}$ を得る。すなわちどちらで定義しても同じ逆行列が得られる [*6]。

さて逆行列であるがここでは 2×2 行列に対して天下り的に与えよう。

$$M = \begin{pmatrix} a & b \\ c & d \end{pmatrix}$$

に対して M^{-1} は、

$$M^{-1} = \frac{1}{ad - bc}\begin{pmatrix} d & -b \\ -c & a \end{pmatrix} \tag{2.1.50}$$

となる。行列部分は、左上と右下の要素を入れ替え、右上と左下の符号を変えればよい。$ad - bc$ は**行列式**と呼ばれ $\det M = ad - bc$ という記号で書かれることがある。$\det M = ad - bc = 0$ の場合には M^{-1} は存在しない [*7]。$\det M \neq 0$ となる行列を**正則行列**（regular matrix）と呼ぶ。

---

*6 行列は積に対して非可換だ、というときには非可換なものもあり、可換とは限らない、の意味である。

*7 これはちょうど、実数 r の逆数を $1/r$ として定義する場合に $r = 0$ のときには逆数が存在しないのと同じである。一方で実際の場面では、$r = 0$ でも $1/r$ のようなものを計算したい場面がある。このときには $r = \epsilon\ (1 \gg \epsilon > 0)$ のように小さな正の数をおいて無理やり計算を進めたりする。このような操作を**正則化**（regularization）というが、行列でも同じようなことができる。詳細は前著[1] の逆問題の章を参照のこと。

実際にこれが逆行列になっているか計算して確かめてみよう。

$$MM^{-1} = \frac{1}{ad-bc}\begin{pmatrix} a & b \\ c & d \end{pmatrix}\begin{pmatrix} d & -b \\ -c & a \end{pmatrix} \tag{2.1.51}$$

$$= \frac{1}{ad-bc}\begin{pmatrix} \begin{pmatrix} a & b \end{pmatrix} \\ \begin{pmatrix} c & d \end{pmatrix} \end{pmatrix}\begin{pmatrix} \begin{pmatrix} d \\ -c \end{pmatrix} & \begin{pmatrix} -b \\ a \end{pmatrix} \end{pmatrix} \tag{2.1.52}$$

$$= \frac{1}{ad-bc}\begin{pmatrix} \begin{pmatrix} a & b \end{pmatrix}\begin{pmatrix} d \\ -c \end{pmatrix} & \begin{pmatrix} a & b \end{pmatrix}\begin{pmatrix} -b \\ a \end{pmatrix} \\ \begin{pmatrix} c & d \end{pmatrix}\begin{pmatrix} d \\ -c \end{pmatrix} & \begin{pmatrix} c & d \end{pmatrix}\begin{pmatrix} -b \\ a \end{pmatrix} \end{pmatrix} \tag{2.1.53}$$

$$= \frac{1}{ad-bc}\begin{pmatrix} ad-bc & -ab+ab \\ cd-dc & -cb+da \end{pmatrix} = \begin{pmatrix} 1 & 0 \\ 0 & 1 \end{pmatrix} = E \tag{2.1.54}$$

となり確かに逆行列になっている。ここでは行列をベクトルの束だと思い計算した。

再び連立方程式に戻ろう。解きたい連立方程式は

$$\begin{pmatrix} 3 & 2 \\ 1 & -1 \end{pmatrix}\begin{pmatrix} x \\ y \end{pmatrix} = \begin{pmatrix} 7 \\ -1 \end{pmatrix}$$

のように行列で書けるのだった。ここで、行列

$$\begin{pmatrix} 3 & 2 \\ 1 & -1 \end{pmatrix} \tag{2.1.55}$$

の逆行列を求めて両辺の左から掛ければ「$(x \quad y)^\top =$」の形になって解けるので、それをやってみよう。逆行列は公式から

$$\frac{1}{5}\begin{pmatrix} 1 & 2 \\ 1 & -3 \end{pmatrix} \tag{2.1.56}$$

である。つまり、

$$\begin{pmatrix} x \\ y \end{pmatrix} = \frac{1}{5}\begin{pmatrix} 1 & 2 \\ 1 & -3 \end{pmatrix}\begin{pmatrix} 7 \\ -1 \end{pmatrix} = \frac{1}{5}\begin{pmatrix} 7-2 \\ 7+3 \end{pmatrix} = \begin{pmatrix} 1 \\ 2 \end{pmatrix} \tag{2.1.57}$$

となり確かに求まった。

ここで少しだけ**逆行列の存在条件**について述べておこう。我々はベクトルを並べたものとして行列を定義した。逆行列の存在条件は実はその行列を構成しているベクトルが線形独立 *8 であることである。これは2元連立方程式の言葉で言えば、与えられた2つの式が互いの定数倍になっている状況であり、確かに解が一意に定まらない。言い換えれば解くための情報が足りないとも言える *9。

この本では一般の行列は扱わないが、一般の正則行列でも掃き出し法と呼ばれる逆行列を求める構成的な手法が存在する。また機械学習でよく使われる言語である Python には数値的に求める機能がある *10。一方で、一般に逆行列の計算には、行列の大きさを N としたときに N^3 回程度の操作が必要なことが知られている。深層学習の文脈では $N \approx 1000$ 程度はよくあるので逆行列の直接計算は避けるべきである。

2.2 変換としての行列

2.2.1 行列を用いたベクトルの変形

行列とベクトルの関係を幾何的に捉えてみよう。まずベクトル $\vec{r} = \begin{pmatrix} r_x & r_y \end{pmatrix}^\top$ と行列

$$O_R(\theta) = \begin{pmatrix} \cos\theta & -\sin\theta \\ \sin\theta & \cos\theta \end{pmatrix} \tag{2.2.1}$$

を考えよう。この行列をベクトル $\vec{r}$ に掛けると

$$\vec{r'} = O_R(\theta)\vec{r} = \begin{pmatrix} r_x\cos\theta - r_y\sin\theta \\ r_x\sin\theta + r_y\cos\theta \end{pmatrix} \tag{2.2.2}$$

となり、これは回転を表している（**図 2.1 左**）。この行列は回転行列と呼ばれている。たとえば $\vec{r} = (r_x \ \ r_y)^\top = (1 \ \ 0)^\top$、$x$ 方向の単位ベクトルとし

*8 他のベクトルの線形結合（実数倍とベクトル和）で書けないこと。

*9 このあたりの事情は後で述べるリッジ回帰などの工夫した回帰の話につながっている。

*10 具体的には、`numpy.linalg.inv()` である。NumPy については後述する。

てみよう。このときには、

$$\vec{r'} = \begin{pmatrix} \cos\theta \\ \sin\theta \end{pmatrix} \tag{2.2.3}$$

となり確かに回転していることがわかる。

また行列 L を

$$L = \begin{pmatrix} s & 0 \\ 0 & s \end{pmatrix} \tag{2.2.4}$$

と置くと、この行列を $\vec{r}$ に掛けると、ベクトルの長さを s 倍することになる（**図 2.1 中央**）。また $0 < s < 1$ なら短くなる。

さらに

$$V = \begin{pmatrix} 0 & 1 \\ 1 & 0 \end{pmatrix} \tag{2.2.5}$$

を $\vec{r}$ に掛けると直線 $y = x$ を軸とした鏡映変換（x と y を入れ替える）になっている（**図 2.1 右**）。

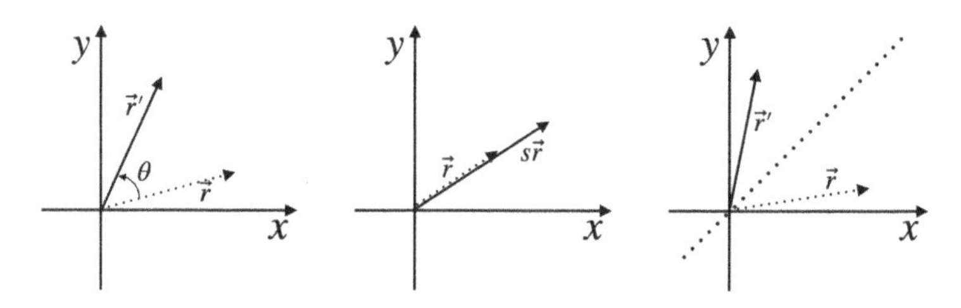

図 2.1 行列をベクトルに掛けるとベクトルを変化させることの模式図。（左）回転行列 $O_R(\theta)$ を掛けた場合。（中央）$s > 0$ を成分に持つ対角行列 L を掛けた場合。（右）行列 V を掛けた場合。

このように、行列をベクトルに掛けるという操作はあるベクトルを別のベクトルに移す役割を果たす。このあたりの議論を正確に行うには、固有値と固有ベクトルの議論が必要となるので、線形代数の教科書を参照のこと。

2.2.2 線形変換とアフィン変換

線形性と並べて語られることの多い、**線形変換**（linear transformation）と**アフィン変換**（affine transformation）というものを2次元で定義しておこう。線形変換は比例関係の多次元への一般化で、行列とベクトルの積で定義されて

$$\vec{w} = A\vec{x} \tag{2.2.6}$$

となるようなものである[*11]。ただしここでは2次元を念頭に置いていて

$$A = \begin{pmatrix} a & b \\ c & d \end{pmatrix} \tag{2.2.7}$$

$\vec{w} = (w_1 \ \ w_2)^\top$、$\vec{x} = (x_1 \ \ x_2)^\top$ である。もちろん一般の次元でも議論できる。

一方で、アフィン変換は1次関数の多次元への一般化であり、

$$\vec{w} = A\vec{x} + \vec{b} \tag{2.2.8}$$

となるものである。ただし $\vec{b} = (b_1 \ \ b_2)^\top$ である。実は、アフィン変換は次元の高い線形変換に埋め込むことができる。実際にアフィン変換は

$$\vec{w}' = A'\vec{x}' \tag{2.2.9}$$

と書けば線形変換となる。ただし、

$$\vec{w}' = \begin{pmatrix} w_1 \\ w_2 \\ 1 \end{pmatrix}, \quad A' = \begin{pmatrix} a & b & b_1 \\ c & d & b_2 \\ 0 & 0 & 1 \end{pmatrix}, \quad \vec{x}' = \begin{pmatrix} x_1 \\ x_2 \\ 1 \end{pmatrix} \tag{2.2.10}$$

とおいた。このような事情から後に議論するニューラルネットワークの文脈ではアフィン変換を線形変換と呼んだり、$\vec{b}$ があるはずなのに書かれていなかったりするが、それは次元を上げて行列部分に埋め込んであると理

*11　線形変換はより抽象的に定義できるが、そのように定義した線形変換も行列の形で書ける（表現できる）のでここでは行列の形で説明した。

解するとよい。

後の章で出てくるニューラルネットのために重要な事項として、線形変換は繰り返し適用しても線形変換になるという事実があるので説明しよう。たとえば行列 A と B、ベクトル $\vec{v}$ を考えると行列積の定義から線形変換 A と B による線形変換を $\vec{v}$ に適用すると、

$$A(B\vec{v}) = (AB)\vec{v} \tag{2.2.11}$$

となり、合成した線形変換も1つの行列で書けてしまう。ニューラルネットは線形変換（アフィン変換）と非線形関数で構成されているのだが、もし線形変換だけで構成すると線形変換しか表現できないことになる。

2.3 行列に関するいろいろ

ここで少しだけ寄り道をして、行列に関するいろいろな事項を取り上げよう。

2.3.1 多変数テイラー展開と行列

まず行列を使うとシンプルに書くことができる、**多変数関数に対するテイラー展開**を見ておこう。多変数関数とは、関数が1つの変数だけでなく2つ以上の変数に依存する場合で、たとえば

$$f(x,y) = \sin(x)\cos(y),\ \ f(x,y) = x^2 + y^2 + xy,$$
$$f(\theta_1,\theta_2,\theta_3,\theta_4) = \theta_1\theta_2 + \theta_3\theta_4 + \cosh(\theta_1^2 + \theta_2^4 + \theta_3) + \cdots$$

などである。一般の多変数でもよいが具体的に2変数関数に限って見ていこう。

導出は微積分の教科書に譲るとして、2変数関数のテイラー展開は以下のように与えられる。ϵ_x と ϵ_y を微小量として $f(x+\epsilon_x, y+\epsilon_y)$ は

$$f(x+\epsilon_x, y+\epsilon_y) = \sum_{n=0}^{\infty} \frac{1}{n!}\left(\epsilon_x \frac{\partial}{\partial x} + \epsilon_y \frac{\partial}{\partial y}\right)^n f(x,y) \tag{2.3.1}$$

となる。これは1変数のときのテイラー展開 (1.3.15) の拡張だと思って素直に受け入れられるだろう。右辺を2次まで具体的に書くと、

$$f(x+\epsilon_x, y+\epsilon_y) = f(x,y) + \epsilon_x \frac{\partial f(x,y)}{\partial x} + \epsilon_y \frac{\partial f(x,y)}{\partial y} + \epsilon_x^2 \frac{1}{2} \frac{\partial^2 f(x,y)}{\partial x^2} + \epsilon_y^2 \frac{1}{2} \frac{\partial^2 f(x,y)}{\partial y^2} + \epsilon_x \epsilon_y \frac{\partial^2 f(x,y)}{\partial x \partial y} + \cdots \tag{2.3.2}$$

となる。実は、1次の項と2次の項はベクトルと行列を使うとまとめることができる。

$$f(x+\epsilon_x, y+\epsilon_y) = f(x,y) + \begin{pmatrix} \epsilon_x & \epsilon_y \end{pmatrix} \begin{pmatrix} \frac{\partial f(x,y)}{\partial x} \\ \frac{\partial f(x,y)}{\partial y} \end{pmatrix} + \frac{1}{2} \begin{pmatrix} \epsilon_x & \epsilon_y \end{pmatrix} \begin{pmatrix} \frac{\partial^2 f(x,y)}{\partial x^2} & \frac{\partial^2 f(x,y)}{\partial x \partial y} \\ \frac{\partial^2 f(x,y)}{\partial y \partial x} & \frac{\partial^2 f(x,y)}{\partial y^2} \end{pmatrix} \begin{pmatrix} \epsilon_x \\ \epsilon_y \end{pmatrix} \tag{2.3.3}$$

となる [*12]。ここで現れた行列は、

$$\begin{pmatrix} \frac{\partial^2 f(x,y)}{\partial x^2} & \frac{\partial^2 f(x,y)}{\partial x \partial y} \\ \frac{\partial^2 f(x,y)}{\partial y \partial x} & \frac{\partial^2 f(x,y)}{\partial y^2} \end{pmatrix} \tag{2.3.4}$$

であるが、これは**ヘッシアン**（**ヘッセ行列**、Hessian matrix）と呼ばれていて、後に出てくるニュートン法などで重要な役割を果たす。ここでは2変数関数に対してテイラー展開を定義しヘッセ行列を導入したが、一般の数の変数に対して同様に導入でき、n 変数関数のテイラー展開の2次の項には $n \times n$ のヘッセ行列が現れる。

2.3.2 行列を用いた最小2乗法

行列を用いて、見通しが良くなるように**最小2乗法**を見直してみよう。簡単のためフックの法則（Hooke's law）を考える。質量 m のおもりをバ

---

*12 ここで知らぬふりをして偏微分の順序を入れ替えた。ここでは素性の良い（関数として断崖絶壁がないような）関数だけ考えることにする。

ネ定数 k のバネに接続したとき、バネの伸びを Δ、重力加速度を g とすると釣り合っている場合には

$$\Delta = m\frac{g}{k} \tag{2.3.5}$$

が成立する。ここでは質量のわかっているおもりをバネにつないでバネ定数 k を求める実験を考えよう。ここで重力加速度 g は既知とする。

d 番目の実験のバネの自然長からの伸びを Δ_d、おもりの質量を m_d とするとデータは

$$\mathcal{D} = \left\{(m_1, \Delta_1),\ (m_2, \Delta_2),\ \cdots, (m_{N_d}, \Delta_{N_d})\right\} \tag{2.3.6}$$

となる。ここで N_d はデータの総数である。フィット関数として、

$$\Delta(m) = m\frac{g}{k} + b = ma + b \tag{2.3.7}$$

とおくことにする。ここで $a = g/k$ とした。a と b を動かして調べる。a がわかればそこから k が求まる。誤差関数は、

$$E = \frac{1}{2}\sum_d \Big(\Delta_d - \Delta(m)\Big)^2 = \frac{1}{2}\sum_d \Big(m_d a + b - \Delta_d\Big)^2 \tag{2.3.8}$$

である。ただし $\sum_d$ は $\sum_{d=1}^{N_d}$ の略記である。E は a と b に対して 2 次になっている。最小 2 乗法に従うと、a と b は E の偏微分が 0 となるという条件から求まり、

$$0 = \frac{\partial E}{\partial a} = \sum_d (m_d a + b - \Delta_d) m_d = a\sum_d m_d^2 + b\sum_d m_d - \sum_d m_d \Delta_d \tag{2.3.9}$$

$$0 = \frac{\partial E}{\partial b} = \sum_d \Big(m_d a + b - \Delta_d\Big) = a\sum_d m_d + b\sum_d 1 - \sum_d \Delta_d \tag{2.3.10}$$

となる。これは a と b の連立方程式であるため、行列で書くことができて、

$$\begin{pmatrix} \sum_d m_d^2 & \sum_d m_d \\ \sum_d m_d & \sum_d 1 \end{pmatrix}\begin{pmatrix} a \\ b \end{pmatrix} = \begin{pmatrix} \sum_d m_d \Delta_d \\ \sum_d \Delta_d \end{pmatrix} \tag{2.3.11}$$

となる。ここまで来ると逆行列を使うことで機械的に a と b を求めることができるわけである。

2.3.3 アダマール積

この章の最後に機械学習の文脈で登場する要素ごとの積である**アダマール積**を導入しよう。行列の初学者にとってはこちらの方が自然な積に見えるかもしれない。

まず行列 A, B を

$$A = \begin{pmatrix} a_{11} & a_{12} \\ a_{21} & a_{22} \end{pmatrix}, \quad B = \begin{pmatrix} b_{11} & b_{12} \\ b_{21} & b_{22} \end{pmatrix} \tag{2.3.12}$$

のように定義する。このときにアダマール積は

$$A \odot B \equiv \begin{pmatrix} a_{11}b_{11} & a_{12}b_{12} \\ a_{21}b_{21} & a_{22}b_{22} \end{pmatrix} \tag{2.3.13}$$

となる。定義からこれは可換な積になる。本書ではこれ以後出てこないが、機械学習の論文や教科書を読む際には役立つであろう。

Column

計算量のオーダー

ここではコンピュータでの計算の量について述べておこう。まず関数の増え具合や大きさをざっくりと捉えるビッグ・オー記法を導入する。関数 $f(n)$ を考えたときに、それに対してある $N \geq 0$ があって、$n > N$ で $|f(n)| \leq c|g(n)|$ を満たす正の定数 c が存在するとき、$f(n)$ は $g(n)$ のビッグ・オーといい、$f(n) = O(g(n))$ と書く（オーダー $g(n)$ と読む）。これは図示するとイメージを掴みやすい。$f(n) = O(g(n))$ となる状況は、ある N より大きい n で関数 $c|g(n)|$ のグラフが $f(n)$ の常に上側にあること、つまり上から押さえている状況である（**図 2.2**）。

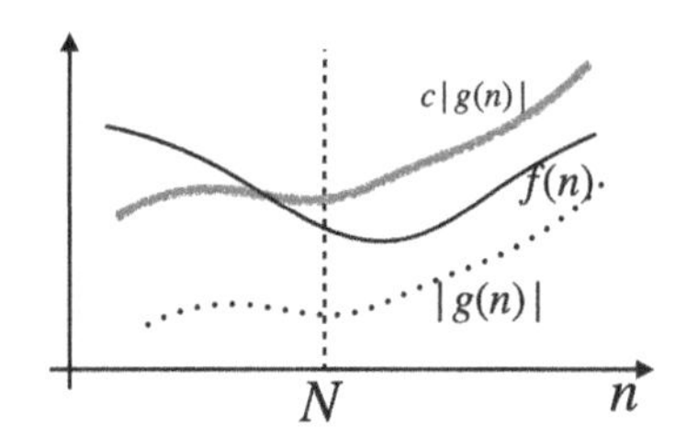

図 2.2 $f(n)$ が $O(g(n))$ であることの模式図。赤の線は右側では常に黒の実線の上を通る。

たとえば $f(n) = n^2 + 2n$ を考える。このときに $g(n) = n^2$ ととってみる。$g(n)$ に2を掛けると、$n > N = 2$ となる n では常に $f(n) < cg(n)$（$c = 2$）なので、この $f(n)$ は $O(n^2)$ であると言える。これは関数の振る舞いをざっくりと捉える方法になっている。ざっくりとした上から押さえる評価であるため $f(n) = O(n^3)$ も言えることに注意しよう。これはあくまである意味での（増え方も含めた）上限のようなものである。

$g(n)$ は大きさを測る基準となるので普通は複雑な関数ではなく、単純な関数を選ぶ。たとえば、$O(n), O(n^2), \cdots$ などである。このようにベキ関数で押さえられる場合には多項式オーダーであるという。これより

"小さい" ものとして、$O(\log(n))$ という対数オーダーがある。また多項式オーダーより "大きい" ものとしては $O(\mathrm{e}^n)$ という指数関数オーダーがある。

コンピュータでの計算の量に話を移す。ここで、n をたとえば入力データの大きさとして、処理が入力データに対してどれくらい時間がかかるかを見積もりたい。もちろん同じデータ量でも処理時間はコンピュータの性能に依存するだろうから、ここでの時間というのはどれくらいの手数で処理が行えるかという意味である。つまり入力データの大きさが n のときに、手数が n のどんな関数となるかを調べたい。

例として、数が並んだデータを昇順に並べ替えることを考えてみよう。最初の数に着目し、隣と比べて数の大小が望むものと逆であれば入れ替える、ということを順次繰り返していくことを考えよう（これはバブルソートと呼ばれる）。最悪の場合を想定するとして、n 個のデータが降順に並んでいるとしよう。このときに、1 番最後の要素が一番最初に来るまで $n-1$ 回の比較が必要である。続いて最後から 2 番目のものは $n-2$ 回など必要となる。これを繰り返したときに合計で

$$(n-1)+(n-2)+\cdots+2+1=\frac{n(n-1)}{2} \tag{2.4.1}$$

回の比較が必要となる。これの計算回数は $O(n^2)$ となる *13。このようなアルゴリズムの入力の大きさに対する評価を**計算量のオーダー**という *14。

次にベクトルの和の計算量のオーダーを考えてみよう。2 つの n 次元ベクトル $\vec{x}=(x_1\ x_2\ \cdots\ x_n)^\top$ と $\vec{y}=(y_1\ y_2\ \cdots\ y_n)^\top$ の和の j 成分は成分ごとの足し算 $(\vec{x}+\vec{y})_j=x_j+y_j$ で計算でき、これを次元の数 n 回繰り返せばいいので $O(n)$ である。ベクトルの内積も同様に評価できる。具体的には、各要素同士を掛けて全て足すので、掛け算が n 回、足し算が $n-1$ 回必要となり、全体で $O(n)$ となる。

*13　実はバブルソートは効率の悪いアルゴリズムの例として知られている。またさらに効率の悪いアルゴリズムとしてボゴソートというものもある。それはシャッフルして望みの順番になるまで繰り返すというものである。

*14　正確を期すなら時間計算量のオーダーである。この他にどれくらいのメモリがあれば処理が行えるかを表す空間計算量というものもある。

詳しくは議論しないが行列とベクトルの計算には $O(n^2)$ かかり、行列と行列の積には $O(n^3)$ かかることが知られている。そのため行列を多数掛けた後にベクトルを掛ける場合には計算順序を工夫し、ベクトルと行列の積を先にすると全体の計算回数を減らすことができる。

多次元データを扱う場合には演算回数の見積もりが重要となる。というのもコンピュータの CPU は演算回数に応じて計算時間が変わるからである。多い演算回数に関しては長く時間がかかる。そのため多次元データを扱う際には、

1. 計算量の少ない計算法、プログラミングを行う
2. “良い” コンピュータを使う

という戦略が重要となる。後者に関しては最近だと GPU（グラフィック演算装置、Graphics Processing Unit）などの使用が考えられる。さらに別の例だと量子コンピュータを使った量子アルゴリズムで計算を速くしようという試みもある[21]。

第3章

確率論と機械学習

この章では確率や確率分布に関する話題を取り上げる。現実世界で得られるデータは、必ずばらつく。これを確率論の範囲内で捉えようとする枠組みの1つが大数の法則である。これを例をもって理解していくのがこの章の前半の目的である。

この章の後半では、データとモデルの誤差について考察し、AIC（赤池情報量基準、Akaike Information Criterion）[8] を通して汎化（はんか）誤差について見ていく。この章は難易度が少し高いため、流し読みをして用語のみを押さえた後、後の章を読んでから戻ってきてもよい [*1]。

18 世紀の末、ピエール=シモン・ラプラス（Pierre-Simon Laplace）は『天体力学論』という書籍を出版した。彼はそのまえがきに「天体の運動には偶然の要素があるのです。そこでは、観測の精度とその分析の完全性が結果を左右する。ですから、経験の要素を取り除き、必要なデータ以外の観察データは排除することを強調したいと思います」と記した[24]。同時代のルジャンドルやガウスをはじめとする大数学者によってデータを科学することやデータによって科学するという枠組みが整えられた。本章では現代的な立場に立ってそれらの結果を俯瞰する。

*1　より数学的な詳細は[22, 23] などを参照のこと。

3.1　確率の基礎事項

ここでは確率の一種である同時確率や条件付き確率といった概念を復習するために、簡単に説明する。また確率の用語の導入もここで行う。

3.1.1　条件付き確率

確率を導入するために、具体的に白い犬 5 匹、白い猫 3 匹、黒い犬 4 匹、黒い猫 2 匹、合計で犬と猫が 14 匹いる状況を考えよう（**表 3.1**）。

	白い	黒い	小計
犬	5 匹	4 匹	9 匹
猫	3 匹	2 匹	5 匹
小計	8 匹	6 匹	14 匹

表 3.1　犬と猫の集まり。合計で 14 匹いる。

$x=$ 白い, 黒い、$y=$ 犬, 猫 をとり得る変数として [*2]、その犬と猫の集まりから無作為に 1 匹取り出して、それが白い犬、白い猫、黒い犬、黒い猫である確率は次のように書けるだろう。

$$P(x=\text{白い},y=\text{犬})=\frac{5}{14} \tag{3.1.1}$$

$$P(x=\text{白い},y=\text{猫})=\frac{3}{14} \tag{3.1.2}$$

$$P(x=\text{黒い},y=\text{犬})=\frac{4}{14} \tag{3.1.3}$$

$$P(x=\text{黒い},y=\text{猫})=\frac{2}{14} \tag{3.1.4}$$

このように 2 つ以上の対象に対して考えたときの確率 $P(x,y)$ を**同時確率**（joint probability）と呼ぶ。また同じ状況で色を問わずに猫を取り出す確率は黒い猫と白い猫である確率を足せばよく、

*2　これらは本来は次に説明する確率変数と呼ばれるもので、大文字の X や Y を用いて書くべきものであるが説明の都合上、このまま話を進める。

$$P(y=\text{猫}) = \sum_x P(x, y=\text{猫}) \tag{3.1.5}$$

$$= P(x=\text{白い}, y=\text{猫}) + P(x=\text{黒い}, y=\text{猫}) \tag{3.1.6}$$

$$= \frac{3}{14} + \frac{2}{14} = \frac{5}{14} \tag{3.1.7}$$

となる。これを x に関する**周辺化** (marginalization) と呼ぶ。また $P(y=\text{犬}) = 1 - P(y=\text{猫}) = 9/14$ であるがこれは犬の同時分布を色に対して周辺化したものと一致する。

犬を取り出してその色を見る前に、その犬が白である確率は求められるであろうか？ それは以下の式で求められることがわかっており、

$$P(x|y) = \frac{P(x,y)}{P(y)} \tag{3.1.8}$$

を**条件付き確率**（conditioned probability）と呼ぶ。たとえば犬を引き当てたことがわかっていて、その状況でのその犬が白い確率は

$$P(x=\text{白い}\,|y=\text{犬}) = \frac{P(x=\text{白い}, y=\text{犬})}{P(y=\text{犬})} \tag{3.1.9}$$

$$= \frac{5/14}{9/14} = \frac{5}{9} \approx 0.56 \tag{3.1.10}$$

と約 56% であることがわかる。表を見てみると犬の集合の要素の数は 9 であり、そのうちの白の数は 5 匹であるため条件付き確率と一致している。

まとめると、2 つの変数 x, y が与えられたときに、

$$P(x,y) \tag{3.1.11}$$

を同時確率といい、x について気にしないという操作

$$P(y) = \sum_x P(x,y) \tag{3.1.12}$$

を x に関する周辺化という。また、ある x が与えられたときにその下で y を得る確率は、

$$P(y|x) = \frac{P(x,y)}{P(x)} \tag{3.1.13}$$

と書いて条件付き確率と呼ぶ。ここで $P(x) \leq 1$ なので、$P(x) = 1$ でない限り、$P(y|x) > P(x, y)$ となる。これは x と y が同時に成立する確率よりも x がわかっているときに y である確率が大きいことを意味しており、少しだけ情報を得たと解釈できる。以上の確率は一般の数の変数に拡張できる。

ベイズの定理

さて今までの定義を用いると以下の関係を導くことができる。

$$P(x|y) = \frac{P(x,y)}{P(y)} \tag{3.1.14}$$

$$= \frac{P(x,y)}{P(y)} \frac{P(x)}{P(x)} \tag{3.1.15}$$

$$= \frac{P(x,y)/P(x)}{P(y)} P(x) \tag{3.1.16}$$

$$= \frac{P(y|x)P(x)}{P(y)} \tag{3.1.17}$$

上式の最初と最後の等式を**ベイズの定理**と呼ぶ。

$$P(x|y) = \frac{P(y|x)P(x)}{P(y)} \tag{3.1.18}$$

右辺の分母を忘れると $P(x|y) \propto P(y|x)P(x)$ である。すなわち、ある x という事象が起こる確率 $P(x)$ がわかっているときには、x の下での条件付き確率 $P(y|x)$ がわかれば、逆の条件付き確率 $P(x|y)$ がどれくらいの頻度で現れるかを調べることができることを主張している。

先ほどの犬と猫の例では、犬を引き当てたときにその犬が白い確率を求めたが、逆に白い動物を引いたときにその動物が犬である確率は、ベイズの定理から

$$P(y = \text{犬} \,|x = \text{白い}) = \frac{P(x = \text{白い} \,|y = \text{犬})P(y = \text{犬})}{P(x = \text{白い})} \tag{3.1.19}$$

$$= \frac{P(x = \text{白い} \,|y = \text{犬})P(y = \text{犬})}{P(x = \text{白い}, y = \text{犬}) + P(x = \text{白い}, y = \text{猫})} \tag{3.1.20}$$

$$= \frac{(5/9)(9/14)}{8/14} = \frac{5}{8} = 0.625 \tag{3.1.21}$$

と約63%であることがわかる。得られる情報に非対称性があり、片方の条件付き確率が求まらない場合でもベイズの定理を用いると少しだけ情報を得ることができる。

同時分布と独立な確率

さて少し状況を変えて、白い犬3匹、白い猫6匹、黒い犬3匹、黒い猫6匹、合計で犬と猫が18匹いる状況を考えよう（**表3.2**）。

	白い	黒い
犬	3匹	3匹
猫	6匹	6匹

表3.2 犬と猫の集まり。同じ匹数だけいる。

このときには、その犬と猫の集まりから無作為に1匹取り出してそれが白い犬、白い猫、黒い犬、黒い猫である確率は次のように書ける。

$$P(x=\text{白い}, y=\text{犬}) = \frac{1}{6} \tag{3.1.22}$$

$$P(x=\text{白い}, y=\text{猫}) = \frac{1}{3} \tag{3.1.23}$$

$$P(x=\text{黒い}, y=\text{犬}) = \frac{1}{6} \tag{3.1.24}$$

$$P(x=\text{黒い}, y=\text{猫}) = \frac{1}{3} \tag{3.1.25}$$

となる。このため周辺化した確率は

$$P(x=\text{白い}) = P(x=\text{白い}, y=\text{犬}) + P(x=\text{白い}, y=\text{猫}) = \frac{1}{2} \tag{3.1.26}$$

$$P(x=\text{黒い}) = P(x=\text{黒い}, y=\text{犬}) + P(x=\text{黒い}, y=\text{猫}) = \frac{1}{2} \tag{3.1.27}$$

$$P(y=\text{犬}) = P(x=\text{白い}, y=\text{犬}) + P(x=\text{黒い}, y=\text{犬}) = \frac{1}{3} \tag{3.1.28}$$

$$P(y = 猫) = P(x = 白い, y = 猫) + P(x = 黒い, y = 猫) = \frac{2}{3} \tag{3.1.29}$$

となる。このときにどの x, y の組に関しても

$$P(x, y) = P(x)P(y) \tag{3.1.30}$$

が成立する。今の例のように $P(x, y) = P(x)P(y)$ が成立するときには $P(x)$ と $P(y)$ は**独立**であるという。言い換えると、各（確率）変数が独立な場合には同時分布はそれぞれの事象が起こる確率の積で与えられる。

3.2 教師あり学習と教師なし学習、強化学習

ここで本書のメインテーマである機械学習の概要について説明する。機械学習とは一言でいうとモデルを作り、明示的にモデルの動作を設定せずにむしろ経験（≈データ）に基づく動作をさせる枠組みである。ここでのモデルとは、入力が与えられたときに設定したパラメータに応じて出力をする関数のことである。たとえば簡単な例だと第1章で見た最小2乗法で決めたフィット曲線などである。

機械学習は大きく分けて3つあり、教師あり学習と教師なし学習、そして強化学習がある。**教師あり学習**は入力に対して決まった出力をする「ブラックボックス」を作ろうとする試みである。これは第1章で見たような「時刻 t のときのボールの位置 $x(t)$ を決める」などであるし、たとえば数字が書かれている画像（たとえばMNISTなどのデータセット）から数字を読み取る画像認識もこれにあたる。これは確率論の言葉では条件付き確率を使って定式化することになる。たとえば数字画像の画像認識の場合には、0から9までのどれである確率が高いかを入力データで条件をつけた確率分布で出力することになる *3。教師あり学習では、入力に対して望む出力があるので教師信号（教師ラベル、正解ラベル）を使うことになる。

教師なし学習はデータの分布を表現・模倣・分類する枠組みと言ってい

*3 ここの確率は普通の意味の確率ではなく、確信度と呼んだ方がよい。

いだろう。たとえばクラスタリングがある。日本の成人全体の身長と体重の組のデータをもっていたとする。このときに散布図を作ってみると2つのクラスター（塊）が現れるだろう。クラスタリングは全データをこのクラスターに分解するアルゴリズムの総称である。クラスターは男女の身長や体重の差から来るものであるが、クラスタリングは、このようにデータ自身から教師ラベルなしに特徴の異なった複数の集団があることを推定する手法である。教師なし学習は、入力に対して特定の望む出力があるわけではないので、教師信号（正解ラベル）を使わない。

強化学習はAlphaGo（アルファ碁）にも使われたもので、たとえば迷路探索アルゴリズムなどがある。強化学習は環境とエージェントの2つの要素からなる。エージェントが環境に働きかけ、環境からエージェントに結果に応じて報酬が与えられ、それによってエージェントの行動を変えていく。エージェントは状況によって行動を変えるが、その行動パターンが報酬によって学習されることになる[25, 26]。教師あり・教師なし学習に比べた強化学習の特徴は、実験環境やシミュレーションをデータの代わりに使うため、事前に準備するデータを基本的に必要としないことである。今まで紹介した教師あり学習と教師なし学習そして強化学習はそれぞれ、いろいろな形で理論物理に応用されている。

3.3 確率変数と経験的確率、大数の法則

ここではたくさんのデータに関する統計を記述するために、確率変数や大数の法則を導入する。

3.3.1 確率変数

ここでは**確率変数**のざっくりとしたイメージを与えよう。確率変数とは一言でいうと確率的にゆらぐ変数のことである。たとえばサイコロの出る目などは試行ごとに変わり得るので確率変数とみなされる。一例として、3回の試行をすることを考え、サイコロの出る目を確率変数として X_j $(j = 1, 2, 3)$ と書こう。そして3回の試行のときの出目の平均は

$$\frac{X_1 + X_2 + X_3}{3} \tag{3.3.1}$$

と書く。つまり確率変数は確率的にゆらぐもの同士の関係を記述するために用いられる特別な変数である。また慣習として大文字で書くことが多い。

サイコロは 6 面をもち、目は 1 から 6 までの値をとる。これを $x = 1, 2, 3, 4, 5, 6$ と書こう。そして理想的なサイコロであれば各目は確率 $1/6$ で出るわけであるが、これは

$$P(x) = \frac{1}{6} \quad (x = 1, 2, 3, 4, 5, 6) \tag{3.3.2}$$

と書ける。ここでは確率が目に依存しないため、右辺は x に依存しない定数となっている。いま確率変数 X が従う確率 $P(x)$ を導入したことになる。これを「確率変数 X は確率 $P(x)$ に従う」という。

まず一番簡単な場合として 1 回の試行でのサイコロの出目の期待値をこの記法で見てみよう。出る目を X とすると期待値は、確率を掛けて全てのパターンを足し上げればいいので

$$\mathbb{E}[X] = \sum_{x=1}^{6} xP(x) \tag{3.3.3}$$

と書くことになる。左辺は確率変数 X の期待値を表す記号である。また慣例として確定した値を示すときは対応する小文字を用いる。もちろん右辺は具体的に計算できて

$$\sum_{x=1}^{6} xP(x) = \frac{1 + 2 + 3 + 4 + 5 + 6}{6} = 3.5 \tag{3.3.4}$$

とわかる。つまり確率変数はそれが従う確率を考え、期待値をとって意味のわかる特別な変数である。

確率変数のゆらぎである分散 σ^2 を導入しておこう。これは $\mathbb{E}[X] = \mu$ としたとき、

$$\sigma^2 = \mathbb{E}\left[(X - \mu)^2\right] \tag{3.3.5}$$

と定義される。σ^2 は 2 乗をとったものを 1 つの量として考える量である。

サイコロの例を考えると、$\mathbb{E}[X] = \mu = 3.5$ なので

$$\sigma^2 = \mathbb{E}\left[(X-\mu)^2\right] = \sum_{x=1}^{6}(x-3.5)^2 P(x) \approx 2.92 \tag{3.3.6}$$

とわかる。

確率変数のご利益を見るために、次に 2 回サイコロを振ったときの出目の平均の期待値を見てみよう。1 回目の出目を X_1、2 回目の出目を X_2 とすると出目の平均は、

$$\frac{X_1 + X_2}{2} \tag{3.3.7}$$

となる。これの期待値は 2 回の試行が独立であることから、サイコロの出目の同時確率は $P(x_1)P(x_2)$ と積になり

$$\mathbb{E}\left[\frac{X_1+X_2}{2}\right] = \sum_{x_1=1}^{6}\sum_{x_2=1}^{6}\left(\frac{x_1+x_2}{2}P(x_1)P(x_2)\right) \tag{3.3.8}$$

と書ける。これは計算すると

$$\mathbb{E}\left[\frac{X_1+X_2}{2}\right] = \frac{1}{6\times 6\times 2}\sum_{x_1=1}^{6}\sum_{x_2=1}^{6}\left(x_1+x_2\right) \tag{3.3.9}$$

$$= \frac{1}{6\times 6\times 2}\left(\sum_{x_1=1}^{6}\sum_{x_2=1}^{6}x_1 + \sum_{x_1=1}^{6}\sum_{x_2=1}^{6}x_2\right) \tag{3.3.10}$$

$$= \frac{6}{6\times 6\times 2}\left(\sum_{x_1=1}^{6}x_1 + \sum_{x_2=1}^{6}x_2\right) \tag{3.3.11}$$

$$= \frac{1}{6}\left(\sum_{x=1}^{6}x\right) = \frac{21}{6} = 3.5 \tag{3.3.12}$$

と正しく求まる [*4]。確率変数を用いるとこのように機械的に計算することが可能となる。

*4 正しいかどうか確かめてみよ。

3.3.2 経験的な確率の意味と大数の法則

この小節では、大数の法則によって精密化される**経験的な確率**の意味を、コイン投げを例に挙げて見ていこう。

理想的なコインが 1 枚あるとしよう。これを 10 回投げて表がピッタリ h 回出る確率を $P_{10}(H=h)$ と書くとき、それは

$$P_{10}(H=h) = {}_{10}\mathrm{C}_h \left(\frac{1}{2}\right)^{10} \tag{3.3.13}$$

となるのだった。具体的には 10 回投げて表がピッタリ 5 回出る確率は、

$$P_{10}(H=5) = {}_{10}\mathrm{C}_5 \left(\frac{1}{2}\right)^{10} \tag{3.3.14}$$

$$= \frac{10!}{5!5!}\left(\frac{1}{2}\right)^{10} = \frac{252}{1024} \approx \frac{250}{1000} \tag{3.3.15}$$

おおよそ 25% であることがわかる。ここで

$${}_n\mathrm{C}_r = \frac{n!}{r!(n-r)!} \tag{3.3.16}$$

を用いた。

以上の結果は言い換えると、コインの表が 1/2 の確率で出ることを実験で確かめる場合、10 回の試行では、その実験は 25% の確率でしか成功しないということを意味する。少し条件を緩めて、誤差 10% まで許すことにして、10 回の試行のうちで 4 回か 5 回か 6 回が表である確率はどうだろうか。

コインを 10 回投げて、表がピッタリ 4 回出る確率は、

$$P_{10}(H=4) = {}_{10}\mathrm{C}_4 \left(\frac{1}{2}\right)^{10} \tag{3.3.17}$$

$$= \frac{10!}{6!4!}\left(\frac{1}{2}\right)^{10} \tag{3.3.18}$$

$$= \frac{210}{1024} \tag{3.3.19}$$

コインを 10 回投げて、表がピッタリ 6 回出る確率は、

$$P_{10}(H=6) = {}_{10}\mathrm{C}_6 \left(\frac{1}{2}\right)^{10} \tag{3.3.20}$$

$$= \frac{10!}{4!6!}\left(\frac{1}{2}\right)^{10} \tag{3.3.21}$$

$$= \frac{210}{1024} \tag{3.3.22}$$

つまり「表が出る確率が大体 1/2 である」ことは、

$$P_{10}(4 \leq H \leq 6) = P_{10}(H=4) + P_{10}(H=5) + P_{10}(H=6) \approx 0.66 \tag{3.3.23}$$

つまり約 66% で確かめられることになる。ここで「大体」という意味は、表がちょうど 5 回出る場合だけでなく、1 回多めか少なめに表が出ることを許したことを表している。10 回の試行のうちで、1 回多めか少なめに表が出ることを許したので、誤差率を 1/10 ととったことになる。

では実験回数（試行回数）を 50 回にして、表が 25 回ほど、今の場合だと 5 回分（$5/50 = 1/10$）のゆらぎを許して表が 20 回から 30 回出る確率はどうなるだろうか？ これは

$$P_{50}(20 \leq H \leq 30) = P_{50}(H=20) + P_{50}(H=21) + \cdots + P_{50}(H=25) + \cdots + P_{50}(H=30) \tag{3.3.24}$$

$$= \sum_{h=20}^{30} P_{50}(H=h) \tag{3.3.25}$$

の各項を計算し、和をとればよい。ただし、

$$P_{50}(H=h) = {}_{50}\mathrm{C}_h \left(\frac{1}{2}\right)^{50} \tag{3.3.26}$$

$$= \frac{50!}{h!(100-h)!}\left(\frac{1}{2}\right)^{50} \tag{3.3.27}$$

である。実際に計算してみると、

$$P_{50}(20 \leq H \leq 30) \approx 0.88 \tag{3.3.28}$$

となり、約88%の確率で「誤差10%を許して表が出る確率が1/2である」という結果を得る。

さらに増やして実験回数（試行回数）を100回にして、表が40回から60回出る確率を求めるには、同様に

$$P_{100}(40 \leq H \leq 60) = \sum_{h=40}^{60} P_{100}(H = h) \tag{3.3.29}$$

の各項を計算し和をとればよい。ここで

$$P_{100}(H = h) = \frac{100!}{h!(100-h)!} \left(\frac{1}{2}\right)^{100} \tag{3.3.30}$$

である。結果は $P_{100}(40 \leq H \leq 60) \approx 0.96$ であり約96%の確率で「コインの表が出る確率がほぼ1/2であること」がわかることになる。

得られた結果を解釈してみよう。ここに100人の人間がいたとする。100人がそれぞれコインを10回投げて表が出た回数を数えて表が出る確率を実験的に決めたとしよう。誤差10%を許すとき、上記の計算から約66人が「表を得る確率がほぼ1/2である」と言えることになる。一方で、100人がそれぞれコインを100回投げてよいことにする。すると誤差10%を許すときには約96人が「表を得る確率がほぼ1/2である」と言えることになる。これが上で得た結果の直観的な理解である。

このように、試行回数を増やしていくと理想的な確率の値が得られる確率が上がっていく。これを数学的に定式化したのが下記で述べる大数の弱法則である [*5]。

ここで用語と記号を導入する。今まで離散的な確率変数に対応する確率を $P(X)$ のように書いてきた。X が連続の確率変数の場合、対応する確率を $p(x)dx$ と書くことにする。そして $p(x)$ を**確率密度関数**という。dx は積分のときにつける dx と同じ意味である。密度と呼ばれる直観的な理由としては、確率の分布を足し上げる操作が連続変数の場合には積分になるからである [*6]。

*5 大数の法則には、大数の弱法則と大数の強法則があるが、ここでは大数の強法則は必要ないので興味のある読者は他の教科書を参照してほしい。

*6 線密度（kg/m）と長さ（m）を掛けると、質量（kg）が出るのと同じ関係である。

3.3.3 正規分布

少し寄り道して先ほど考えていたコイン投げの確率分布の試行回数が多いときに可能な近似を数値実験的に導入する。先ほどと同様に理想的なコインが 1 枚あるとしよう。これを N 回投げて表がピッタリ h 回出る確率を $P_N\big(H=h\big)$ と書くとき、それは

$$P_N\big(H=h\big) = {}_N\mathrm{C}_h\left(\frac{1}{2}\right)^N = \frac{N!}{h!(N-h)!}\left(\frac{1}{2}\right)^N \tag{3.3.31}$$

であった。N を変えてプロットしてみると**図 3.1** のようになる。N が大きいと釣鐘状のなめらかな曲線に近づいていくのがわかる。

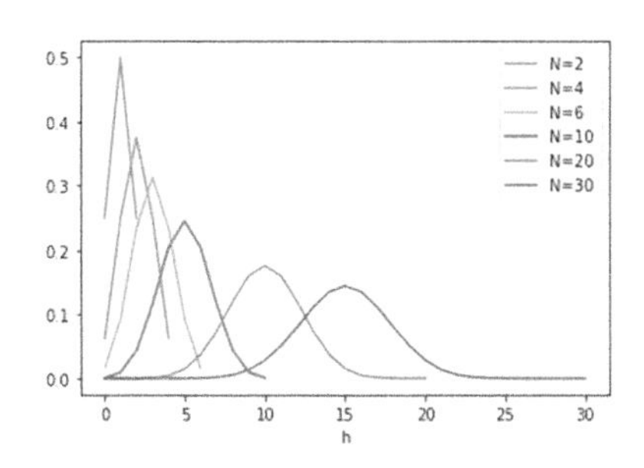

図 3.1 N を変えたときの二項分布。

(3.3.31) は、3.5 節で説明するスターリングの公式を用いると近似的に計算できる。導出は他書に譲るが、$\theta = \{\mu, \sigma^2\}$ と置くと、N が大きいときの関数形は

$$p_\theta(x) = \frac{1}{\sqrt{2\pi\sigma^2}}\mathrm{e}^{-\frac{(x-\mu)^2}{2\sigma^2}} \tag{3.3.32}$$

に近づくことが知られている。(3.3.32) の関数を**正規分布**（**ガウス分布**）という。今の例では $\mu = N/2$、$\sigma^2 = N/4$ になる [*7]。実際に比べてみたのが

*7　一般の確率 p に対する二項分布 $B(N,p) = {}_N\mathrm{C}_h p^{N-h}(1-p)^h$ $(0 \le p \le 1)$ の場合、中心 Np、分散 $Np(1-p)$ のガウス分布に従う。この事実はド・モアブル–ラプラスの定理と呼ばれ、**中心極限定理**の特殊な例となっている。

図 3.2 であり、$N = 20$ で正規分布に十分近いことが見て取れる。

正規分布（ガウス分布）の係数は、規格化因子で $-\infty$ から ∞ の積分を行うと結果が 1 になるようになっている（計算は付録を参照）。

$$\int_{-\infty}^{\infty} dx \; p_\theta(x) = 1 \tag{3.3.33}$$

μ はグラフの中心値になっている。また σ^2 は分散と呼ばれ、グラフの広がり具合を表す。

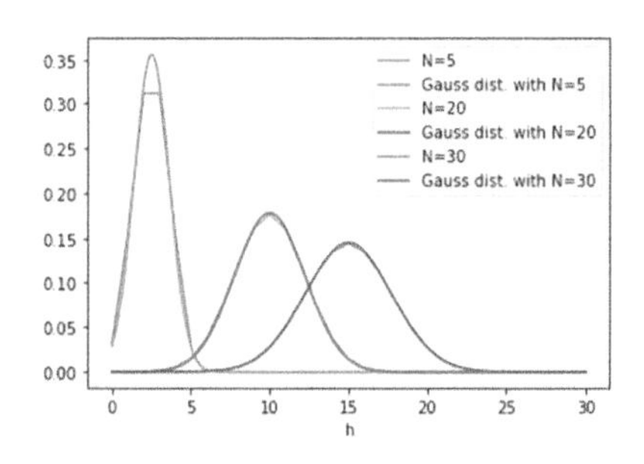

図 3.2 N が大きいときの二項分布と正規分布（Gauss dist.）の比較。N が大きいと二項分布が正規分布に近づいている様子がわかる。

実際にガウス分布での平均と分散を求めてみると、

$$\int_{-\infty}^{\infty} dx \; p_\theta(x)x = \mu \tag{3.3.34}$$

$$\int_{-\infty}^{\infty} dx \; p_\theta(x)(x-\mu)^2 = \sigma^2 \tag{3.3.35}$$

とガウス分布に入っているパラメータがそのまま出てくることになる。

3.4 大数の弱法則の証明

この節ではド・モアブルが導いた**大数の弱法則**の証明をする。まず確率変数を改めてまとめ、その次に大数の弱法則の主張を確認する。次に準備としてマルコフの不等式を示し、そしてそれをチェビシェフの不等式に変形し、大数の弱法則を証明する [*8]。

3.4.1 確率変数と期待値

繰り返しになるが、離散的な確率の場合における確率変数と期待値という概念を一般的な形でまとめておく。まず事象の全要素を N_E 個として、$x_1 \geq x_2 \geq \cdots \geq x_k \geq \cdots \geq x_{N-1} \geq x_{N_E}$ と降順で並んでいるとする。サイコロだと $x_1 = 6,\ x_2 = 5,\ \cdots,\ x_{N_E} = 1$ という目を割り当てたことに対応する。このときに確率変数の期待値は

$$\mathbb{E}[X] = \sum_{k=1}^{N_E} XP(X = x_k) \tag{3.4.1}$$

$$= \sum_{k=1}^{N_E} x_k P(X = x_k) \tag{3.4.2}$$

と定義される。定義より和の期待値は期待値の和になる。小文字の x_k には実際に観測される数字が入り、前節の h に対応する。大文字の X は確率変数であり、対応する確率を用いて期待値をとって初めて意味をもつもので [*9]、また前節の H に対応するものである。このとき確率変数 X は確率 $P(X)$ で分布する、などといったりもする。同じ分布に従う確率変数は多数あってもよいので正の整数 $s = 1, 2, 3, \cdots, N$ を用いて X_s と書くことにする。そして N は試行回数に対応する。自明な注意だが x_k と X_s の違いに気をつけること。

3.4.2 大数の弱法則の主張

確率変数 $X_1, X_2, \cdots, X_s, \cdots, X_N$ が同一の確率に従うとし

$$\mathbb{E}[X_s] = \mu \tag{3.4.3}$$

とおく。またそれぞれの X_s は独立であるとする。ここでの独立であると

*8 他の文献は、たとえば [1, 22, 23, 27] などを見よ。
*9 これは統計力学やユークリッド時空上の場の理論における経路積分と強い類似をもつ。

は $s \neq t$ に対して以下が成立することとしよう [*10]。

$$\mathbb{E}[(X_s-\mu)(X_t-\mu)]=0 \tag{3.4.4}$$

これを期待値の独立性と呼ぶことにする（より正確を期するならば相関がないと呼ぶ方がよい）。

上記の条件の下で任意の小さな正の実数 ϵ に対して、

$$\lim_{N\to\infty} P\left(\left|\frac{1}{N}\sum_{s=1}^{N} X_s-\mu\right| \geq \epsilon\right)=0 \tag{3.4.5}$$

が成立し、**大数の弱法則**と呼ばれる。これは許される誤差を ϵ としたときに、それに対して十分大きな N を選ぶと、つまりたくさん試行したときに、期待値と平均値の差が誤差以上に外れる確率はいくらでも 0 に近づけられるということである。つまり十分大きな N に対しては、

$$\frac{1}{N}\sum_{s=1}^{N} X_s \approx \mu=\mathbb{E}[X] \tag{3.4.6}$$

と「実際上思ってよい」ということである [*11]。つまり、左辺で定義されるような経験的な平均値と期待値は十分たくさんの試行回数で一致すると思ってもよい。以下では、この法則を導出していく。

3.4.3 大数の法則の準備1：マルコフの不等式

正の実数を c とするとき、以下の**マルコフの不等式**

$$P\Big(X \geq c\Big) \leq \frac{\mathbb{E}[X]}{c} \tag{3.4.7}$$

が成立するのでこれを示す。離散的な確率の場合を考えると、全要素を N_E

*10 本来なら同時確率（分布）が確率（分布）の積に分割できるという式 $p(X,Y)=p(X)p(Y)$ を確率の独立性という。期待値に成立する関係式 $\mathbb{E}[XY]=\mathbb{E}[X]\mathbb{E}[Y]$ のことではない。前者を仮定すると後者が導かれるが、逆は成立しないため注意が必要である。

*11 ただし $\lim_{N\to\infty}\frac{1}{N}\sum_k X_k=\mu$ を導くのは、大数の強法則と呼ばれる定理で、より多くの仮定や長い証明を要するのでここでは触れない。しかし違いを意識しておくことは大切である。大数の強法則に興味のある読者は、確率統計の教科書を参照のこと。

個として、X の実現値が降順 $x_1 \geq x_2 \geq x_3 \geq \cdots \geq x_{N_E}$ に並んでいるとする。N_c を $x_{N_c} \geq c \geq x_{N_c+1}$ を満たす数として置くと、

$$\mathbb{E}[X] = \sum_{k=1}^{N_E} P(X = x_k)X \tag{3.4.8}$$

$$= P(X = x_1)x_1 + P(X = x_2)x_2 + \cdots + P(X = x_{N-1})x_{N-1} + P(X = x_{N_E})x_{N_E} \tag{3.4.9}$$

$$\geq P(X = x_1)x_1 + P(X = x_2)x_2 + \cdots + P(X = x_{N_c})x_{N_c} \tag{3.4.10}$$

$$\geq P(X = x_1)c + P(X = x_2)c + \cdots + P(X = x_{N_c})c \tag{3.4.11}$$

$$= cP(X \geq c) \tag{3.4.12}$$

得た式を c で割ることで与式を得る *12。

3.4.4 大数の法則の準備 2：チェビシェフの不等式

ここではマルコフの不等式を用いて**チェビシェフの不等式**を導出する。マルコフの不等式で $X = (Y - \mu)^2$、$c = a^2\ (a > 0)$ とおくと、

$$P\Big((Y - \mu)^2 \geq a^2\Big) \leq \frac{\mathbb{E}[(Y - \mu)^2]}{a^2} \tag{3.4.18}$$

という式を得る。左辺の引数(ひきすう)を絶対値に置き換えても左辺の確率は変わらないので、

---

*12 連続的な確率分布のときには、

$$\mathbb{E}[X] = \int_{-\infty}^{\infty} dx\ p(x)x \tag{3.4.13}$$

$$= \int_{-\infty}^{c} dx\ p(x)x + \int_{c}^{\infty} dx\ p(x)x \tag{3.4.14}$$

$$\geq \int_{c}^{\infty} dx\ p(x)x \tag{3.4.15}$$

$$\geq c\int_{c}^{\infty} dx\ p(x) \tag{3.4.16}$$

$$= cP\Big(X \geq c\Big) \tag{3.4.17}$$

両辺を c で割って整理すると示したかった式を得る。

$$P\Big(\big|Y-\mu\big|\geq a\Big)\leq\frac{\mathbb{E}[(Y-\mu)^2]}{a^2} \tag{3.4.19}$$

を得る。これをチェビシェフの不等式という。

3.4.5 大数の法則の準備3：確率変数の平均の分散

ある大きな正の整数 N を考えたとき、確率変数の平均 $\frac{1}{N}\sum_{s=1}^{N}X_s$ とそのゆらぎが N にどのように依存するかを見よう。ここで、

$$\mathbb{E}\left[X_s\right]=\mu, \tag{3.4.20}$$

$$\mathbb{E}\left[(X_s-\mu)^2\right]=\sigma^2 \tag{3.4.21}$$

と書こう。これは確率変数 X_k の真の値 μ と分散 σ^2 を仮定したことになる。さらに各確率変数は、期待値の意味で独立であるとする。

$$\mathbb{E}\left[(X_s-\mu)(X_t-\mu)\right]=\mathbb{E}\left[X_s-\mu\right]\mathbb{E}[X_t-\mu]\quad(s\neq t) \tag{3.4.22}$$

このときの「確率変数の平均」の期待値と「確率変数の平均」の分散を調べる。確率変数の平均の分散は確率変数の平均がどれくらいゆらぐかを表す量である。まず確率変数の平均の期待値は

$$\begin{aligned}\mathbb{E}\left[\frac{1}{N}\sum_{s=1}^{N}X_s\right]&=\frac{1}{N}\sum_{s=1}^{N}\mathbb{E}\left[X_s\right] &(3.4.23)\\&=\frac{1}{N}\sum_{s=1}^{N}\mu=\mu &(3.4.24)\end{aligned}$$

となる。つまり確率変数の平均の期待値は、真の平均値である。

確率変数の平均の分散を評価したい。その定義は、

$$\mathbb{E}\left[\left(\frac{1}{N}\sum_{s=1}^{N}X_s-\mu\right)^2\right] \tag{3.4.25}$$

である。この式を変形をしていく。

$$\mathbb{E}\left[\left(\frac{1}{N}\sum_{s=1}^{N}X_s-\mu\right)^2\right]=\mathbb{E}\left[\left(\frac{1}{N}\sum_{s=1}^{N}X_s\right)^2-2\mu\left(\frac{1}{N}\sum_{s=1}^{N}X_s\right)+\mu^2\right] \tag{3.4.26}$$

$$= \mathbb{E}\left[\frac{1}{N^2}\left(\sum_{s=1}^{N} X_s\right)^2 - \mu^2\right] \tag{3.4.27}$$

第1項を丁寧に分解する。

$$\mathbb{E}\left[\left(\sum_{s=1}^{N} X_s\right)^2\right] = \mathbb{E}\left[\left(\sum_{s=1}^{N} X_s\right)\left(\sum_{t=1}^{N} X_t\right)\right] \tag{3.4.28}$$

$$= \sum_{s=1}^{N}\sum_{t=1}^{N} \mathbb{E}\left[X_s X_t\right] \tag{3.4.29}$$

$$= \sum_{s=1}^{N} \mathbb{E}\left[X_s^2\right] + \sum_{s \neq t} \mathbb{E}\left[X_s\right]\mathbb{E}[X_t] \tag{3.4.30}$$

$$= \sum_{s=1}^{N} \mathbb{E}\left[X_s^2\right] + N(N-1)\mu^2 \tag{3.4.31}$$

ここで期待値の独立性を用いた。(3.4.31) の和の中は、X_s の分散の定義から

$$\sigma^2 = \mathbb{E}\left[(X_s - \mu)^2\right] \tag{3.4.32}$$

$$= \mathbb{E}\left[X_s^2\right] - \mu^2 \tag{3.4.33}$$

$$\Leftrightarrow \mathbb{E}\left[X_s^2\right] = \sigma^2 + \mu^2 \tag{3.4.34}$$

と σ^2 で書けることがわかるので、

$$\mathbb{E}\left[\left(\sum_{s=1}^{N} X_s\right)^2\right] = \sum_{s=1}^{N}(\sigma^2 + \mu^2) + N(N-1)\mu^2 \tag{3.4.35}$$

$$= N\sigma^2 + N^2\mu^2 \tag{3.4.36}$$

得た式を代入すると、確率変数の平均の分散は

$$\mathbb{E}\left[\left(\frac{1}{N}\sum_{s=1}^{N} X_s - \mu\right)^2\right] = \frac{1}{N^2}(N\sigma^2 + N^2\mu^2) - \mu^2 = \frac{\sigma^2}{N} \tag{3.4.37}$$

とわかる。つまり N を大きくすると確率変数の平均はあまりばらつかないことになる！ これで大数の法則の証明の道筋は整った。

3.4.6 大数の法則の証明

チェビシェフの不等式 (3.4.19) において $Y = \frac{1}{N}\sum_s X_s$ とおくと、

$$P\left(\left|\frac{1}{N}\sum_s X_s - \mu\right| \geq a\right) \leq \frac{\mathbb{E}[(\frac{1}{N}\sum_s X_s - \mu)^2]}{a^2} \tag{3.4.38}$$

右辺に (3.4.37) を代入すると、

$$P\left(\left|\frac{1}{N}\sum_s X_s - \mu\right| \geq a\right) \leq \frac{\sigma^2}{Na^2} \tag{3.4.39}$$

ここで a を真の平均値に対する測定値の許容誤差とみなし、ϵ と書くと、

$$P\left(\left|\frac{1}{N}\sum_s X_s - \mu\right| \geq \epsilon\right) \leq \frac{\sigma^2}{N\epsilon^2} \tag{3.4.40}$$

となる。ここで、どんなに小さな正の ϵ をもってきても、つまりどんなに許す誤差の範囲を狭めていっても、N をそれに従って大きく調整すればいくらでも右辺は小さくできるので *13、

$$\lim_{N\to\infty} P\left(\left|\frac{1}{N}\sum_{s=1}^{N} X_s - \mu\right| \geq \epsilon\right) = 0 \tag{3.4.41}$$

となる。これが**大数の弱法則**である。

確率に対する大数の法則

さらに I を事象 e が起こったときに 1、そうでないときに 0 をとる確率変数 *14 にとると、

$$\mathbb{E}[I] = P \tag{3.4.42}$$

となる。すなわち I の期待値は確率 P に等しい。同じ系を N 個用意して大数の法則を適用したい。s 番目の系において対応する量を I_s とすると、

$$\hat{N}_e = \sum_{j=1}^{N} I_s \tag{3.4.43}$$

*13 当然ゆらぎ σ^2 は N でスケールしない定数である。

*14 このような変数を**インディケータ変数** (indicator) と呼ぶためその頭文字をとった。

これはN個のなす全系のうちである事象eが起こる数を表す確率変数となる。この確率変数に対し大数の法則を適用すると

$$\lim_{N\to\infty} P\left(\left|\frac{\hat{N}_e}{N} - P\right| \geq \epsilon\right) \to 0 \tag{3.4.44}$$

となる。すなわち、許す誤差ϵをどんなに小さくしても、それに対応して大きなNをとれば経験的な確率が真の確率から誤差基準ϵより大きく外れるという現象が、ほぼ起こらないようにすることができるということになる。この事実を**確率に対する大数の弱法則**と呼ぶ。

大数の法則によって数学的な期待値と実験的に得られる期待値や確率の関係がわかったわけだが、それが物理においてどのような意味をもつか考えてみよう。我々は、実験を繰り返して求める量などはゆらぐことを知っている。このような量は上で述べた確率変数で記述されるとみなすべきである。一方で理論計算から予測されるのは、古典論の場合には定まった数であるし、量子論の場合には期待値や確率である。大数の法則を用いると、許容する誤差を固定しておいて独立な実験回数を増やすとその極限では、誤差が取り除かれた真の値に近づくことがわかる。したがって、理論の予測値と実測値が、誤差の範囲を加味した上で一致するかを確認することで、理論の検証を行うことができる。

機械学習においてもデータはゆらぐ。したがって、データは確率変数とみなすべきということになる。データが大量に用意できる場合には、大数の法則を使ってデータとモデルの取り扱いを議論できるわけである。

一言でまとめるなら大数の法則は、物理や機械学習のような数学的論理に基づく学問と現実とをつなぐ、橋の役割を果たしていると言えるだろう。

3.5 カルバックライブラーダイバージェンス

ここでは確率分布を推測する際に便利な道具である**カルバックライブラーダイバージェンス**（Kullback–Leibler divergence）というものを考えてい

く。以下では、基本的に KL ダイバージェンス [15] と呼ぶことにする。まず KL ダイバージェンスがどこから出てくるかをサノフの定理を通して眺め、その後に性質を調べる。そしてデータとモデルの関係を議論していく。

3.5.1　サノフの定理

ここでは E 種類の事象が確率的に起こるとして、各事象を起こす実験をし、どのような確率でそれぞれの事象が起こるか決めたいという問題を考える。

具体的な状況を考えよう。たとえば、いびつな形のサイコロがあったとして、各目が出る真の確率 $P_1, P_2, \cdots, P_i, \cdots, P_E$ を推定したいとする。問題は P_i は直接観測できないことである。そこで、実験を行ってその結果に基づいて各目の出る確率を推定する、というアプローチをとることにするのである。i 番目の事象が起こる確率の推定値 Q_i がパラメータの関数になっているとして、実験結果を使ってパラメータをうまく調整して真の P_i に合わせていく。もし全ての $i = 1, \cdots, E$ について Q_i のパラメータを調整して真の確率 P_i に近づけることができれば、Q_i を使ってどの目が出やすいかを予測することができ便利である。これは第 1 章で見たフィットのアイデアの一般化である。

全体で N 回実験したとして、それぞれの事象が起こった回数を $N_1, N_2, \cdots, N_E$ とする。もちろん全体の実験回数とそれぞれの事象が起こった回数の関係は $N = N_1 + N_2 + \cdots + N_E$ である。

今、確率 Q_i のパラメータを決めたいのであるが、実際に起こった事象は確率が高いものであると考えるのが自然である。すなわち手で導入した確率である $Q_1, Q_2, \cdots, Q_E$ が等しいと仮定したときの実験結果の同時確率を考えてパラメータを調整することにより、同時確率が最大になるようにパラメータを決めればよさそうである [16]。

*15　KL ダイバージェンスに含まれるダイバージェンスには発散という意味はなく、分離度と訳されるべきものである。ちなみに KL ダイバージェンス以外にも確率分布の違いを測るダイバージェンスが存在するが割愛する。

*16　このような考え方を最尤法といい、後で説明する。

観測データが仮定した確率から得られる同時確率 P_J は、

$$P_J = Q_1^{N_1} Q_2^{N_2} \cdots Q_E^{N_E} \underline{\frac{N!}{N_1! N_2! \cdots N_E!}} \tag{3.5.1}$$

となる。ここで下線部はどんな順序で事象が起こってもよいことから来る。

ここで階乗を評価するためによく使われるスターリング（Stirling）の公式を導出しよう [*17]。$f(N) = N!$ として対数をとると

$$\log f(N) = \log(N!), \tag{3.5.2}$$

$$= \log N + \log(N-1) + \cdots \tag{3.5.3}$$

$$= \sum_{k=1}^{N} \log k \tag{3.5.4}$$

となる。右辺は $\log(x)$ の $[1, N]$ の積分で近似できそうである（**図 3.3**）。すると $\log f(N)$ は以下のように近似できる。

$$\log f(N) \approx \int_1^N dk \log k, \tag{3.5.5}$$

$$= \Big[k \log k\Big]_1^N - \int_1^N dk \tag{3.5.6}$$

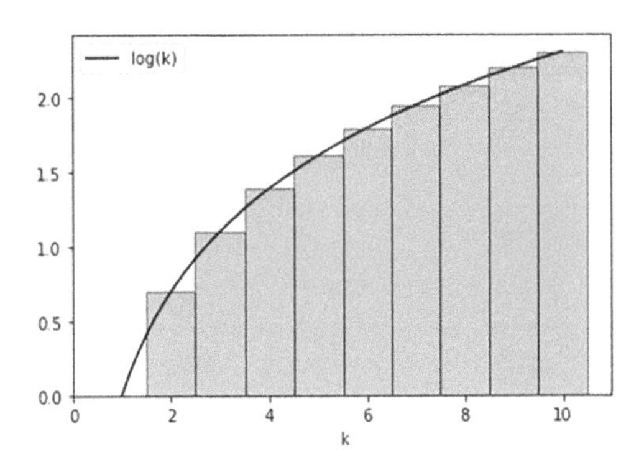

図 3.3　$\log k$ の和と積分の関係。棒グラフで描かれている部分が離散和で曲線の下の面積が積分である。

*17　ここでは非常に粗い近似のものを導出するが、精密化も可能である。

$$= N \log N - \log(1) - N + 1 \tag{3.5.7}$$

ここで定数を全て無視すると [*18]

$$\log f\,(N) \approx N \log N - N \tag{3.5.8}$$

を得る。指数の肩に戻し、さらに粗い近似をすると

$$N! \approx N^N e^{-N} \approx N^N \tag{3.5.9}$$

を得る。

今考えている同時確率 P_J は、スターリングの公式を使うと

$$P_J \approx Q_1^{N_1} Q_2^{N_2} \cdots Q_E^{N_E} \frac{N^N}{{N_1}^{N_1} {N_2}^{N_2} \cdots {N_E}^{N_E}} \tag{3.5.10}$$

となる。大数の法則から $N_i \approx P_i N$ が得られることに注意すると

$$P_J \approx Q_1^{P_1 N} Q_2^{P_2 N} \cdots Q_E^{P_E N} \frac{N^N}{(P_1 N)^{P_1 N} (P_2 N)^{P_2 N} \cdots (P_E N)^{P_E N}} \tag{3.5.11}$$

$$= Q_1^{P_1 N} Q_2^{P_2 N} \cdots Q_E^{P_E N} \frac{1}{{P_1}^{P_1 N} {P_2}^{P_2 N} \cdots {P_E}^{P_E N}} \tag{3.5.12}$$

を得る。ここで各因子は、

$$Q_i^{P_i N} \frac{1}{{P_i}^{P_i N}} = Q_i^{P_i N} {P_i}^{-P_i N} \tag{3.5.13}$$

$$= \mathrm{e}^{P_i N \log Q_i} \mathrm{e}^{-P_i N \log P_i} \tag{3.5.14}$$

$$= \mathrm{e}^{-N P_i (\log P_i - \log Q_i)} \tag{3.5.15}$$

$$= \exp\left[-N P_i (\log \frac{P_i}{Q_i})\right] \tag{3.5.16}$$

と（少し恣意的に）まとめることができる。すなわち観測データが得られるという同時確率 P_J は、

$$P_J \approx \exp\left[-N \sum_{i=1}^{E} p_i \log \frac{P_i}{Q_i}\right] \tag{3.5.17}$$

*18 精密化しても結論は本質的に変わらない。

となる。指数の肩に現れた

$$D(P||Q) = \sum_{i=1}^{E} P_i \log \frac{P_i}{Q_i} \tag{3.5.18}$$

は KL ダイバージェンスと呼ばれる量であり、この事実は**サノフ**（Sanov）**の定理**と呼ばれている。KL ダイバージェンスが実は距離のような役割を果たすことを次の小節で見る。また KL ダイバージェンスは物理では**相対エントロピー**とも呼ばれている *19。このように観測されたデータと真の確率分布（すなわち未知のデータに関する情報）を議論する際には KL ダイバージェンスが顔を出すのである。

以下では表記を簡潔にするために、連続確率変数に対する確率である確率密度関数を用いて議論を進める。また以下では、少しいい加減な用法だが「確率密度関数」と「確率」を言葉としてあまり区別しない。

3.5.2 カルバックライブラーダイバージェンス

この小節では **KL ダイバージェンス**の性質を見ていこう。ここでは見た目をシンプルにするために連続変数に対する確率分布を主に取り扱う。先に少し述べたとおり KL ダイバージェンスは確率分布間の違いを測る距離のようなものである。今の場合、確率分布として考えたいものは 2 つあって

$p(x)$	目標とする系の生成分布、情報源	(3.5.19)
$q(x\|\theta)$	パラメータを θ としたときのパラメータ θ によって定まる確率分布	(3.5.20)

である。確率密度関数 $p(x)$ に従ってデータが生成されているとする。また、確率 q はパラメータの関数であるが、$q(x|\theta)$ はパラメータ θ を与えたときの x の確率分布である。

改めて KL ダイバージェンスを離散変数や連続変数の確率に対して

$$D(P||Q_\theta) = \sum_{i=1}^{N} P(x_i) \log \frac{P(x_i)}{Q(x_i|\theta)} \quad \text{（離散変数の場合）} \tag{3.5.21}$$

*19 というよりは、統計力学において相対エントロピーとして 19 世紀に発見されたのが最初である。カルバックとライブラーの仕事は 20 世紀に入ってからである。

$$D(p||q_\theta) = \int dx\, p(x) \log \frac{p(x)}{q(x|\theta)} \quad \text{（連続変数の場合）} \tag{3.5.22}$$

と定義しよう。以下では連続分布の表式を用いることにする。KL ダイバージェンスとは $p(x)$ と $q(x|\theta)$ の比の対数の（確率 $p(x)$ の下での）期待値である。

$$D(p||q_\theta) = \mathbb{E}\left[\log \frac{p(X)}{q(X|\theta)}\right] \tag{3.5.23}$$

さて、この KL ダイバージェンスが距離のようなものであることを見ていこう。推定した $q(x)$ が十分 $p(x)$ に近い状況を考える。微小量を示す関数 $\epsilon(x)$ を

$$\mathbb{E}[\epsilon] = \int dx p(x) \epsilon(x) = 0 \tag{3.5.24}$$

として分布 $p(x)$ と $q(x)$ が $q(x) = p(x) + \epsilon(x)$ のような関係を満たしているとしよう。このときには $D(p||q)$ はテイラー展開を用いて以下のように評価できる。

$$\begin{aligned}
D(p||q) &= \int dx\, p(x) \log \frac{p(x)}{q(x)} && (3.5.25)\\
&= -\int dx\, p(x) \log \frac{q(x)}{p(x)} && (3.5.26)\\
&= -\int dx\, p(x) \log \frac{p(x)+\epsilon(x)}{p(x)} && (3.5.27)\\
&= -\int dx\, p(x) \log \left(1 + \frac{\epsilon(x)}{p(x)}\right) && (3.5.28)\\
&\approx -\int dx\, p(x) \left(\frac{\epsilon(x)}{p(x)} - \frac{1}{2}\left(\frac{\epsilon(x)}{p(x)}\right)^2\right) && (3.5.29)\\
&= \int dx\, p(x) \frac{1}{2}\left(\frac{\epsilon(x)}{p(x)}\right)^2 = \frac{1}{2}\mathbb{E}\left[\left(\frac{\epsilon}{p}\right)^2\right] && (3.5.30)
\end{aligned}$$

となって分布間の離れ具合の期待値、すなわち距離のようなものを与えることがわかる [*20]。

*20 特に 2 乗のように振る舞うことに注意しておく。実は KL ダイバージェンスには（拡張）ピタゴラスの定理が成立する[28]。

別の具体例でさらにKLダイバージェンス $D(p||q_\theta)$ の性質を見よう。まず（本当は知り得ない）データの真の分布 $p(x)$ が

$$p(x) = \frac{1}{\sqrt{2\pi}} \exp\left(-\frac{x^2}{2}\right) \tag{3.5.31}$$

であると仮定しよう。一方でパラメータをもつ関数 $g(x|\theta) = g_\theta(x)$ を用いてこれを $\theta = \{\mu\}$ として

$$q_\theta(x) = \frac{1}{\sqrt{2\pi}} \exp\left(-\frac{(x-\mu)^2}{2}\right) \tag{3.5.32}$$

のように分布すると仮定（モデル化）する。上の2式をKLダイバージェンスの定義式に代入して、x を積分する。そのためにまず、$\log \frac{p(x)}{q_\theta(x)}$ を評価すると

$$\log \frac{p(x)}{q_\theta(x)} = -\frac{x^2}{2} + \frac{(x-\mu)^2}{2} = \frac{-2x\mu + \mu^2}{2} \tag{3.5.33}$$

となる。これをKLダイバージェンスの定義式に代入すると *21

$$D(p||q_\theta) = \int dx\, p(x) \log \frac{p(x)}{q_\theta(x)} \tag{3.5.34}$$

$$= \frac{1}{\sqrt{2\pi}} \int dx\, \mathrm{e}^{-\frac{x^2}{2}} \left(\frac{-2x\mu + \mu^2}{2}\right) = \frac{\mu^2}{2} \tag{3.5.35}$$

となり、やはり分布間の離れ具合を与えることがわかる。また $\mu = 0$ のときのみKLダイバージェンスの値は0になる。

カルバックライブラーダイバージェンスの数学的性質

ここではKLダイバージェンスの3つの性質を示しておこう。1つ目の性質は非対称性、$D(p||q) \neq D(q||p)$ であることである。これにより普通の意味の距離ではないことがわかる。

2つ目は2乗距離と似た性質 $D(p||q) \geq 0$ を満たすこと（正定値性）、3つ目は $D(p||q) \geq 0$ の等号成立は $p = q$ のときに限る（非退化）ことである。2つ目と3つ目を示しておこう。方針はKLダイバージェンスの定義

*21　この積分に関しては、付録を参照。

に $1-1$ を足すこと、さらに確率分布の積分が 1 になることを使うことである。

$$D(p||q) = \int dx\, p(x) \log \frac{p(x)}{q(x)} \tag{3.5.36}$$

$$= \int dx \left[p(x) \log \frac{p(x)}{q(x)} + 1 - 1 \right] \tag{3.5.37}$$

$$= \int dx \left[p(x) \log \frac{p(x)}{q(x)} + q(x) - p(x) \right] \tag{3.5.38}$$

$$= \int dx \left[p(x) \log \frac{p(x)}{q(x)} + p(x) \frac{q(x)}{p(x)} - p(x) \right] \tag{3.5.39}$$

$$= \int dx\, p(x) \left[\log \frac{p(x)}{q(x)} + \frac{q(x)}{p(x)} - 1 \right] \geq 0 \tag{3.5.40}$$

最後に $f(y) = -\log y + y - 1 \geq 0$ の以下で述べる性質を用いた。

ここでの $f(y)$ は $y > 0$ に対して、微分を調べると

$$f'(y) = -\frac{1}{y} + 1 \tag{3.5.41}$$

$$f''(y) = \frac{1}{y^2} > 0 \tag{3.5.42}$$

となり、ここから下に凸な関数で、$y = 1$ が最小値であることがわかる（**図 3.4**）。等号成立は、$f(1) = 0$ のときのみであり、これから等号成立は $p = q$ となるときだけであることがわかる。

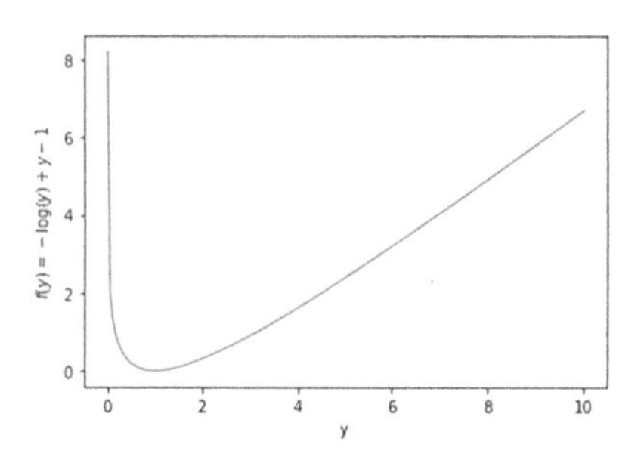

図 3.4 関数 $f(y) = -\log y + y - 1$ のグラフ。

3.6 尤度と赤池情報量基準、汎化

ここでは、前節でも使った得られたデータの情報源に関する情報を推測する手法である最尤法と、第１章で触れた赤池情報量基準を導入する。

観測データを生成している真の分布を $p(x)$ としよう。もし $p(x)$ がわかってしまえば、将来得られるデータも予測可能なので幸せであるがそれは現実的には不可能である。次に可能なのは、観測データを使って間接的に $p(X)$ を調べる方法である。M を観測数として $p(X)$ から生成される観測データを $\mathcal{D} = \{y_1, y_2, \cdots, y_M\}$ とする。このときに観測データを生成している確率分布 $p(X)$ の性質をデータ $\mathcal{D}$ だけから得られるだろうか。もちろん一般的には不可能であるが、一定の仮定の下で、最もそれらしい確率分布を決定することはできる。その一種が、以下で紹介する最尤法と呼ばれる方法である。どんな形であれ、データを一定の精度で予測できる確率モデルが手に入れば、それを使ってある程度の精度の予測が可能になる*22。

まず仮に k 個のパラメータを $\theta = (\theta_1, \theta_2, \cdots, \theta_k)$ とおく。そして、あるサンプル x がパラメータ θ の下で実現される確率をそのパラメータを使ったある関数を用いて $0 \leq q(x|\theta) \leq 1$ と書くことにしよう。たとえば $q(x|\theta) \propto \exp\left(-\frac{(x-\mu)^2}{2\sigma^2}\right)$ などで、このときのパラメータは $\theta = \{\mu, \sigma^2\}$ である。

観測が同一の条件の下、全て独立に行われるとして、観測データ $\mathcal{D}$ が得られる確率は、同時確率を使って

$$\prod_{i=1}^{M} q(y_i|\theta) = q(y_1|\theta)q(y_2|\theta)\cdots q(y_M|\theta)$$

と書ける。

今はパラメータ θ は未知であり、θ の値をいろいろ変えてみて同時確率の振る舞いを見るので、この同時確率は θ の関数と見るのが自然である。観測データがいま得られている値になるという同時確率を θ の関数と見たもの

*22　イメージとして、第１章で見たボールの落下の例のように、過去のデータからフィット曲線を決めることで、未来の経過時間と落下距離との関係を予測できる、ということを想定しておけばよい。またここで述べたことは、サノフの定理の小節で述べたことの繰り返しになっている。

$$f(\theta|y_1,\cdots,y_M) \equiv \prod_{i=1}^{M} q(y_i|\theta) = q(y_1|\theta)q(y_2|\theta)\cdots q(y_M|\theta) \tag{3.6.1}$$

を尤度(ゆうど)関数と呼ぶ。この尤度関数 $f(\theta|y_1,\cdots,y_M)$ を計算したいが構成要素である $q(x|\theta)$ が 1 以下の数であるため掛け合わせると非常に小さくなってしまい、数値計算では扱いにくい。そのため対数をとったもの

$$l_M(\theta) = l_M(\theta|y_1,\cdots,y_M) \equiv \log f(\theta|y_1,\cdots,y_M) \tag{3.6.2}$$

$$= \log \prod_{i=1}^{M} q(y_i|\theta) = \sum_{i=1}^{M} l(\theta|y_i) \tag{3.6.3}$$

が代わりに使われる。これを対数尤度関数と呼ぶ。ここで

$$l(\theta|y_i) = \log q(y_i|\theta), \tag{3.6.4}$$

とおいた。ここまで出てきたものは、観測データと仮定だけだったので計算が可能であることに注意しよう。

話を戻して、θ を決めるにはどうすればよいだろうか。もし $q(x|\theta)$ の θ を調整して真の分布 $p(X)$ を近づける事ができれば、θ として良い値がとれていそうである。これは $p(X)$ に近い $q(x|\theta)$ が手に入れば、$q(x|\theta)$ を使って予測値を作ることができるからである。

確率分布間の "距離" を測るには、KL ダイバージェンス

$$D(p||q_\theta) = \mathbb{E}\left[\log \frac{p(X)}{q(X|\theta)}\right] \tag{3.6.5}$$

を使えばよいことを思い出すと、これを距離とみなしてパラメータ θ を調整して最小化すればよさそうである。

KL ダイバージェンスを対数の法則を使って分解してみると

$$D(p||q_\theta) = \mathbb{E}\left[\log p(X)\right] - \mathbb{E}\left[\log q(X|\theta)\right] \tag{3.6.6}$$

となる。第 1 項はパラメータを含まないため KL ダイバージェンスを最小化する目的には寄与しない。KL ダイバージェンスを最小化するには第 2 項である対数尤度の期待値を最大化すればよい。つまり

$$\mathbb{E}\left[\log q(X|\theta)\right] = \int dx\; p(x) \log q(x|\theta) \tag{3.6.7}$$

を最大化すればよい。しかし、この期待値を求めるには確率分布 $p(x)$ の情報が必要であるため不可能のように思える。ここで大数の法則を用いると、対数尤度の期待値はデータから近似的に求められて

$$\mathbb{E}\left[\log q(X|\theta)\right] \approx \frac{1}{M} l_M(\theta) = \frac{1}{M}\sum_{i=1}^{M} \log q(y_i|\theta) \tag{3.6.8}$$

となり、これは観測から計算できる対数尤度である！ つまり、

$$D(p||q_\theta) \overset{\text{大数の法則}}{\approx} -\frac{1}{M}\sum_{i=1}^{M} \log q(y_i|\theta) + (\theta \text{ に依存しない}) \tag{3.6.9}$$

である。KL ダイバージェンスが小さければ分布が近いという事実から、対数尤度を最大化すればデータの生成分布を模倣できそうである。対数尤度を最大化するには、対数尤度を微分して極値を求めればよさそうである。$\theta = \{\theta_1, \cdots, \theta_k\}$ であることを思い出すと、

$$\left[\frac{\partial}{\partial \theta_i} l_M(\theta)\right]_{\theta=\hat{\theta}} = \left[\frac{\partial}{\partial \theta_i} \log \prod_{j=1}^{M} q(y_j|\theta)\right]_{\theta=\hat{\theta}} = 0 \quad (i = 1, 2, \cdots, k) \tag{3.6.10}$$

これは尤度方程式と呼ばれている連立方程式である。ここで尤度方程式の解を $\hat{\theta}$ と置いた。またこの式を用いてモデルのパラメータを決める手法を**最尤法**と呼ぶ。

ここで最尤法の特殊例として最小 2 乗法が含まれていることを見る。M 個のデータのペアをもっているとしよう。これを下記のように書く。

$$\mathcal{D} = \{(t_1, x_1),\ (t_2, x_2),\ \cdots,\ (t_i, x_i),\ \cdots,\ (t_M, x_M)\} \tag{3.6.11}$$

そして t と x の関係をある関数 $f_\theta(t)$ を使って

$$x = f_\theta(t) \tag{3.6.12}$$

と置こう。具体的に $f_\theta(t)$ はたとえば $x = \theta_0 + \theta_1 t$ や $x = \theta_0 + \theta_1 t + \theta_2 t^2$

などである。

また確率を以下のようにモデル化しよう。$y_i = (t_i, x_i)$ として

$$q(y_i|\theta) = \frac{1}{\sqrt{2\pi\sigma_i^2}} \exp\left[-\frac{1}{2\sigma_i^2}\left(x_i - f_\theta(t_i)\right)^2\right] \tag{3.6.13}$$

$$= \exp\left[-\frac{1}{2\sigma_i^2}\left(x_i - f_\theta(t_i)\right)^2 - \log\sqrt{2\pi\sigma_i^2}\right] \tag{3.6.14}$$

ここで σ_i^2 は i 番目のデータの不確実性を表すパラメータである。このときに尤度関数は、

$$\begin{aligned} f(\theta|y_1, \cdots, y_M) &= \prod_{i=1}^{M} q(y_i|\theta) \\ &= \prod_{i=1}^{M} \exp\left[-\frac{1}{2\sigma_i^2}\left(x_i - f_\theta(t_i)\right)^2 - \log\sqrt{2\pi\sigma_i^2}\right] \end{aligned} \tag{3.6.15}$$

となる。さらに状況を簡単にするために $\sigma_i^2 = \sigma^2$ と仮定してしまって、後で考えることにする。このときに尤度関数は誤差関数を

$$E_\theta(\mathcal{D}) = \frac{1}{2}\sum_{i=1}^{M}\left(x_i - f_\theta(t_i)\right)^2 \tag{3.6.16}$$

としたときには、

$$f(\theta|y_1, \cdots, y_M) = \left(\frac{1}{\sqrt{2\pi\sigma^2}}\right)^M \exp\left[-\frac{1}{2\sigma^2}\sum_{i=1}^{M}\left(x_i - f_\theta(t_i)\right)^2\right] \tag{3.6.17}$$

$$= \left(\frac{1}{\sqrt{2\pi\sigma^2}}\right)^M \exp\left[-\frac{1}{\sigma^2}E_\theta(\mathcal{D})\right] \tag{3.6.18}$$

ここから対数尤度は、

$$l_M(\theta) = -\frac{1}{\sigma^2}E_\theta(\mathcal{D}) - M\log\left(\sqrt{2\pi\sigma^2}\right) \tag{3.6.19}$$

$$= -\frac{1}{\sigma^2}E_\theta(\mathcal{D}) + (\theta\text{ に依存しない}) \tag{3.6.20}$$

とわかる。ここから尤度方程式がわかって、$\theta = \{\theta_1, \cdots, \theta_k\}$ であること

およびパラメータ θ に依存しないところを無視すると

$$\left[\frac{\partial}{\partial\theta_i}E_\theta(\mathcal{D})\right]_{\theta=\hat{\theta}} = 0 \quad (i=1,2,\cdots,k) \tag{3.6.21}$$

$$\Leftrightarrow \left[\frac{\partial}{\partial\theta_i}\sum_{i=1}^{M}\left(x_i - f_\theta(t_i)\right)^2\right]_{\theta=\hat{\theta}} = 0 \quad (i=1,2,\cdots,k) \tag{3.6.22}$$

となる。これはデータが $\mathcal{D}=\{(t_1,x_1),\cdots\}$ であったことを思い出すと、まさに第1章で見た最小2乗法そのものである。つまり、最小2乗法とは誤差関数として $f_\theta(t_i)$ と x_i の差の2乗をとり、確率分布としてガウス分布を仮定した最尤法であった。

ここで σ^2 の決め方を考えよう。文字を簡単にするために $\sigma^{-2}=\beta$ として、これも最尤法の考え方に従って対数尤度の極値条件から決めることにすると

$$0 = \frac{\partial}{\partial\beta}l_M(\theta) = \frac{\partial}{\partial\beta}\left(-\beta E_\theta(\mathcal{D}) - M\frac{1}{2}\log\left(2\pi\beta^{-1}\right)\right) \tag{3.6.23}$$

$$= \frac{\partial}{\partial\beta}\left(-\beta E_\theta(\mathcal{D}) + \frac{M}{2}\log\beta\right) \tag{3.6.24}$$

これを解くと $E_\theta(\mathcal{D}) = \frac{M}{2\beta}$ から σ^2 は

$$\sigma^2 = \frac{2E_\theta(\mathcal{D})}{M} = \frac{1}{M}\sum_{i=1}^{M}\left(x_i - f_\theta(t_i)\right)^2 \tag{3.6.25}$$

とわかる。いま得られた分散 σ^2 は、前に期待値を使って定義した分散をデータの平均値で定義したものになっているが、下記のように系統的に過小評価していることがわかる。

簡単のために観測がある1点のみで行われるとしよう（**図 3.5**）。データは $x=\mu$ の周りに分散 σ^2 で分布するとして、このときにモデル化した確率は

$$q(\theta|y_i) = \frac{1}{\sqrt{2\pi\sigma^2}}\exp\left[-\frac{1}{2\sigma^2}\left(x_i-\mu\right)^2\right] \tag{3.6.26}$$

となる。尤度関数は、

$$f(\theta|y_1,\cdots,y_M) = \left(\frac{1}{\sqrt{2\pi\sigma^2}}\right)^M \exp\left[-\frac{1}{2\sigma^2}\sum_{i=1}^{M}\left(x_i-\mu\right)^2\right] \tag{3.6.27}$$

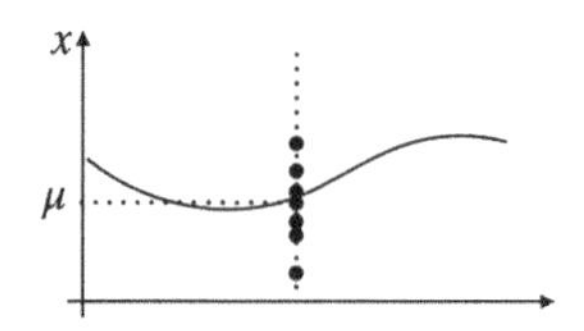

図 3.5　観測をある点だけで行ったときのデータの散らばり。

となるので前と同様に対数尤度を用いて計算すると、

$$\frac{\partial}{\partial \mu} \sum_{i=1}^{M} (x_i - \mu)^2 = 0 \tag{3.6.28}$$

からパラメータ μ は

$$\mu = \frac{1}{M} \sum_{i=1}^{M} x_i \tag{3.6.29}$$

とデータの平均であり、また分散は

$$\sigma^2 = \frac{1}{M} \sum_{i=1}^{M} (x_i - \mu)^2 \tag{3.6.30}$$

となる。

今の σ^2 が過小評価しているかを σ^2 の右辺を確率変数として見直して、期待値をとることで確かめる。まず練習のために平均値に関して見てみよう。μ_0 を真の平均値として、$\mathbb{E}[X_i] = \mu$ となる確率変数 X_i の平均は

$$\overline{X} = \frac{1}{M} \sum_{i=1}^{M} X_i \tag{3.6.31}$$

と定義される。$\overline{X}$ の期待値は、和の期待値が期待値の和であることを使って大数の法則の証明の箇所と同様に

$$\mathbb{E}\left[\overline{X}\right] = \frac{1}{M} \sum_{i=1}^{M} \mathbb{E}[X_i] = \frac{1}{M} \sum_{i=1}^{M} \mu_0 = \mu_0 \tag{3.6.32}$$

となり、平均値の期待値は真の期待値に一致する。次にデータから計算する分散を確率変数として書くと

$$\sigma^2_{\text{標本}} = \frac{1}{M}\sum_{i=1}^{M}\left(X_i - \overline{X}\right)^2 \tag{3.6.33}$$

となる。これは標本分散と呼ばれるもので、大数の法則の証明の箇所と定義が異なる。ここで μ の代わりに $\overline{X}$ を使ったのは μ は実際には求められず、データから計算できるのは $\overline{X}$ だからである。また真の分散を改めて

$$\sigma^2_{\text{真}} = \mathbb{E}\left[(X_i - \mu)^2\right] \tag{3.6.34}$$

と書くことにする。目的はこれをデータから推定することである。

見た目をシンプルにするため $\sigma^2_{\text{標本}}$ の両辺を M 倍し、期待値をとって計算を進めると

$$\begin{aligned}
M\mathbb{E}\left[\sigma^2_{\text{標本}}\right] &= \mathbb{E}\left[\sum_{i=1}^{M}\left(X_i - \mu + \mu - \overline{X}\right)^2\right] &(3.6.35)\\
&= \mathbb{E}\left[\sum_{i=1}^{M}\left((X_i - \mu) - (\overline{X} - \mu)\right)^2\right] &(3.6.36)\\
&= \mathbb{E}\left[\sum_{i=1}^{M}\left((X_i - \mu)^2 - 2(X_i - \mu)(\overline{X} - \mu) + (\overline{X} - \mu)^2\right)\right] &(3.6.37)\\
&= \mathbb{E}\left[\sum_{i=1}^{M}(X_i - \mu)^2\right] - 2\mathbb{E}\left[\sum_{i=1}^{M}(X_i - \mu)(\overline{X} - \mu)\right]\\
&\quad + \mathbb{E}\left[\sum_{i=1}^{M}(\overline{X} - \mu)^2\right] &(3.6.38)
\end{aligned}$$

となる。第1項は定義から $M\sigma^2_{\text{真}}$ となる。第2項は、

$$\begin{aligned}
\mathbb{E}\left[\sum_{i=1}^{M}(X_i - \mu)(\overline{X} - \mu)\right] &= \mathbb{E}\left[\sum_{i=1}^{M}(X_i - \mu)\left(\frac{1}{M}\sum_{j=1}^{M}X_j - \mu\right)\right] &(3.6.39)\\
&= \frac{1}{M}\sum_{i=1}^{M}\sum_{j=1}^{M}\mathbb{E}\left[(X_i - \mu)(X_j - \mu)\right] &(3.6.40)
\end{aligned}$$

ここで $i \neq j$ のときには、$\mathbb{E}\left[(X_i - \mu)(X_j - \mu)\right] = 0$ であることを使うと、

$$\mathbb{E}\left[\sum_{i=1}^{M}(X_i-\mu)(\overline{X}-\mu)\right]=\frac{1}{M}\sum_{i=1}^{M}\mathbb{E}\left[(X_i-\mu)^2\right]=\sigma_{\text{真}}^2 \qquad (3.6.41)$$

第 3 項も同様にして $\mathbb{E}\left[\sum_{i=1}^{M}(\overline{X}-\mu)^2\right]=\sigma_{\text{真}}^2$ を得る。まとめると

$$\mathbb{E}\left[\sigma_{\text{標本}}^2\right]=\frac{M-1}{M}\sigma_{\text{真}}^2 \qquad (3.6.42)$$

となり、$\frac{M-1}{M}$ だけ推定がずれていることになる。これをバイアス（bias）という。データの数 M が十分大きい場合には 1 に近い因子だが M が小さいときにはずれが起こることになる。真の分散に比べて、標本から計算した分散は少し小さめに出てしまうわけである。それを補正するためにこの因子を吸収した分散も定義できて

$$\sigma_{\text{不偏}}^2=\frac{1}{M-1}\sum_{i=1}^{M}\left(X_i-\overline{X}\right)^2 \qquad (3.6.43)$$

を**不偏分散**（unbiased variance）と呼ぶ。このように標本分散は、データ数が有限なときには推定値が常に小さめにずれてしまう。

さてここまで最尤法を見てきた。そして限られた数のデータにモデルをフィットすると過適合（過学習）を起こすだけになることは第 1 章で見たとおりである。また先ほどの例では、分散も標本から単純に計算するとずれてしまうことを見た。

以下では赤池から始まる現代的な統計学の視点に立って、最尤法を見直してみる。そこでは情報量基準というものが導入され、機械学習に現れる汎化誤差というアイデアにつながっていく。対数尤度の期待値と平均を解析し、どのようなことが起こるか見ていこう。

3.6.1 赤池情報量基準

ここでは赤池情報量基準と呼ばれる情報量基準の概要を見ていく。最尤法は、確かにモデルを 1 つ決めてモデルの範囲内でパラメータを選ぶのには便利だった。そしてそれは、データから計算する対数尤度の平均値が期待値に一致するという大数の法則を使ったのだった。

$$\frac{1}{M}\sum_{i=1}^{M}\log q(y_i|\theta) \to \mathbb{E}\left[\log q(X|\theta)\right] \tag{3.6.44}$$

これがどの程度良い推定方法なのかを評価するために、次を考えてみよう。尤度方程式を満たすパラメータ（尤度方程式の解）を $\theta = \hat{\theta}$ としたときに、期待値とデータでの平均（標本平均）のずれ具合（バイアス）を

$$\Delta(\hat{\theta}) = \mathbb{E}\left[\log q(X|\hat{\theta})\right] - \frac{1}{M}\sum_{i=1}^{M}\log q(y_i|\hat{\theta}) \tag{3.6.45}$$

と書いて評価できればよさそうだ。

この評価の計算の難易度は高くはないが、中心極限定理 *23 が必要であるため詳細は[29, 30] に頼ることにすると、計算結果は

$$\Delta(\hat{\theta}) \approx -\frac{k}{M} \tag{3.6.46}$$

とシンプルにもパラメータ数 k とデータ数 M の比になる *24。対数尤度 $\log q(X|\hat{\theta})$ の期待値の式に戻すと

$$\mathbb{E}\left[\log q(X|\hat{\theta})\right] \approx \frac{1}{M}\sum_{i=1}^{M}\log q(y_i|\hat{\theta}) - \frac{k}{M} \tag{3.6.47}$$

となる。KL ダイバージェンスの定義を思い出すと

$$D(p||q_\theta) = -\mathbb{E}\left[\log q(X|\theta)\right] + (\theta \text{ に依存しない})$$

だったので、尤度方程式を満たす解 $\hat{\theta}$ の近くで KL ダイバージェンス $D(p||q_\theta)$ は、

$$D(p||q_\theta) \approx -\frac{1}{M}\left(\sum_{i=1}^{M}\log q(y_i|\hat{\theta}) - k\right) + (\theta \text{ に依存しない}) \tag{3.6.48}$$

と評価されることになる。この式を見ると、データから決まる対数尤度 $\sum_{i=1}^{M}\log q(y_i|\hat{\theta})$ を最大化しても KL ダイバージェンスは小さくなるとは限

*23 中心極限定理の証明はこの本の難易度を超えてしまう。

*24 この計算には計算の過程に出てくるフィッシャー情報行列の非退化性などの仮定が必要であるが詳細は省略する。

らないことがわかる。括弧の内側は本質的に AIC（**赤池情報量基準**、Akaike Information Criterion）と呼ばれる量になっている。AIC は

$$\mathrm{AIC} = -2\left(\sum_{i=1}^{M} \log q(y_i|\hat{\theta}) - k\right) \tag{3.6.49}$$

$$= -2\sum_{i=1}^{M} \log q(y_i|\hat{\theta}) + 2k, \tag{3.6.50}$$

で定義される *25。言い換えるなら、ざっくり言って

$$D(p||q_\theta) \simeq \frac{1}{\text{データ数} \times 2}\mathrm{AIC} + \cdots \tag{3.6.51}$$

となり、AIC が定数倍などを除いて KL ダイバージェンスの近似値になっている[31]。つまり AIC が小さいほど、KL ダイバージェンス $D(p||q_\theta)$ が小さいと推定される。その考えに従うと対数尤度 $\sum_{i=1}^{M} \log q(y_i|\hat{\theta})$ の最大化を行ってもパラメータ数の寄与から最適なモデルを得ているとは限らないことになる。

ここで注意であるが、AIC が最小だからといって考えているモデルがデータを生成している分布に一致しているとは限らない。あくまで考えている範囲内でかつ導出で使った近似が成立するならもっともらしい、というだけである。たとえば第 1 章の例は 2 次関数で書けるようなデータにノイズを乗せてフィットを議論したが、たとえばフィットした式にノイズより小さい係数をつけた t の 6 次の項を加えて改めてノイズを加えつつデータを再度生成したとして、元の 2 次関数から作られたデータか 6 次の項を加えたものを区別したいとする。しかし 6 次の影響がノイズより小さいため AIC の値は大きく変化せず、元の 2 次関数で書けるようなデータだったのか 2 次関数に 6 次の項が入ったデータなのかを区別はできないだろう。このように AIC では真の分布を決定することはできない。

赤池は原論文で AIC を an information criterion つまり「ある情報量基準」と呼んだが、その後もアイデアに基づき様々な情報量基準が提唱されている。残念ながら、ニューラルネットには赤池の議論は成立しないが、そ

*25　文献によって符号の違いがあるので注意せよ。

れでもデータとそれから得られるモデルとの違い等を明確に区別するというアイデアは、現代の機械学習でも脈々と受け継がれている [*26]。

3.6.2 汎化誤差、経験誤差

ここでは、KL ダイバージェンスと AIC の式を見比べることによって汎化誤差、経験誤差を議論しよう。**汎化誤差**は未知のデータに対する誤差の大きさである。もし汎化誤差が小さければ、考えているモデルによって予測がうまくいくということになるが、未知のデータに対するものなのでそのままではわからない。一方で、**経験誤差**は現在のデータを使ってモデルを調整した後に見積もられるモデルとデータの不整合具合である。計算できる経験誤差から汎化誤差を見積もるのが目的となる。

まず KL ダイバージェンスは AIC の議論を使うと

$$
\begin{aligned}
D(p||q_\theta) &= \mathbb{E}\left[\log p(X)\right] - \mathbb{E}\left[\log q(X|\theta)\right] && (3.6.52)\\
&\approx -\frac{1}{M}\left(\sum_{i=1}^{M}\log q(y_i|\hat{\theta}) - k\right) + \mathbb{E}\left[\log p(X)\right] && (3.6.53)\\
&= -\frac{1}{M}\sum_{i=1}^{M}\log q(y_i|\hat{\theta}) + \frac{k}{M} + \mathbb{E}\left[\log p(X)\right] && (3.6.54)
\end{aligned}
$$

となる。**シャノンエントロピー**と呼ばれる量 [*27]

$$
S(p) = -\mathbb{E}\left[\log p(X)\right] \geq 0 \tag{3.6.55}
$$

を使うと

$$
D(p||q_\theta) + S(p) \approx -\frac{1}{M}\sum_{i=1}^{M}\log q(y_i|\hat{\theta}) + \frac{k}{M} \tag{3.6.56}
$$

*26 現在では、ニューラルネットなどの特異モデルにも使える同様の情報基準として WAIC（Widely Applicable Information Criterion）が渡辺澄夫によって提唱されている。詳細は[31] などを参照のこと。

*27 $0 \leq p(x) \leq 1$ なので $\log p(x) \leq 0$ であり、ここから $\mathbb{E}\left[\log p(X)\right] = \int dx\, p(x) \log p(x) \leq 0$ となる。エントロピーは熱力学や統計力学、情報科学に現れる量で、考えている事象の起こりにくさ、珍しさを表す。詳細は[32] などを参照のこと。

と書ける。同じことだが、KLダイバージェンスの定義を使って

$$-\mathbb{E}\left[\log q(X|\theta)\right] \approx -\frac{1}{M}\sum_{i=1}^{M}\log q(y_i|\hat{\theta}) + \frac{k}{M} \tag{3.6.57}$$

とも書ける。$-\mathbb{E}\left[\log q(X|\theta)\right] \geq 0$ および $-\frac{1}{M}\sum_{i=1}^{M}\log q(y_i|\hat{\theta}) \geq 0$ に注意しよう。ここで右辺に集めた $-\frac{1}{M}\sum_{i=1}^{M}\log q(y_i|\hat{\theta})$ を、実際にこの項は最小2乗法のときには2乗誤差だったことを思い出して、経験誤差（観測データのみからなる情報から作られた誤差、empirical error）と呼ぶことにしよう。さらに左辺に現れた量を汎化誤差（まだ観測してない未知のデータを含んだ誤差、generalization error）と呼ぶことにすると

$$\text{汎化誤差} \approx \text{経験誤差} + \frac{\text{モデルのパラメータ数}}{\text{データ数}} \tag{3.6.58}$$

と象徴的に書けることになる。経験誤差はデータを説明するために仮定したモデルのパラメータ数に依存し、パラメータ数を増やすとこの項を小さくすることができる。一方で第2項はパラメータ数を増やすと大きくなり、データ数が多いときには第2項は小さくなる。

モデル（パラメータを含む確率分布）を作る場合、未知のデータに対する誤差である汎化誤差が小さい方が望ましい。汎化誤差が小さいということは未知のデータに対してもよく予測ができるからである。しかし実際に可能なのは手に入れたデータの範囲内で経験誤差を減らすことである。経験誤差はパラメータを多数入れることで減らすことができるが、右辺第2項はパラメータ数に比例して増えてしまう。そのためむやみにパラメータの多いモデルを作ってしまうと、小さな汎化誤差は期待できないことになる。つまり未知のデータに対しては当てはまりが悪くなる。これが赤池から始まるデータと確率分布を用いた過適合の議論である。

先も指摘したとおり、この議論は後述のニューラルネットワークには使えないことが知られている。一方でこの議論を通してパラメータと汎化誤差、経験誤差の関係を直観的に理解できる *28。

ここで手持ちのデータがあるときに汎化誤差を推定する方法を考えてみ

*28 現実の気体は理想気体ではないが、理想気体を通して様々な現象を理解できるということに似ている。

よう。汎化誤差は未知データに対する誤差であるので、原理的に計算ができない。そこで手持ちのデータを3つに割って、

1. **訓練データ**：フィット（モデルのパラメータの調整）に使うデータ。
2. **検証データ**：フィットがうまくいっているかを確かめるデータ。フィットの際には含めない。
3. **テストデータ**：そもそも考えているモデル（フィット関数）が未知のデータに対してまともな予測性能があるかを確かめるデータ。最後に1回だけ使うのが望ましい。

として、テストデータに対して誤差を計算することで汎化誤差の推定値にするのが一般的である。この点は後の章でまた言及する。

3.7 ロジスティック回帰

少し確率の話題を離れて分類問題を解く手法を紹介しよう。与えられたデータを分類したい場面というのは多くある。身近な例でいうと迷惑メールの処理である。迷惑メールの特徴がわかればその特徴ごとに分類してやればよいわけである。ここでは回帰によく似た分類手法であるロジスティック回帰を使って分類を行ってみよう[*29]。

ここでは2次元のデータがあって2種類に分類することを考える。たとえば超伝導物質[*30]を考えたとして、超伝導物質を構成している物質のうちの2つの化合物の密度（濃度）などである。そして転移温度を抜きにして超伝導を示すか示さないかの2種を実験結果から分類するという問題を考える（たとえば**図3.6**のような状況である）。

ロジスティック回帰には**シグモイド関数**（sigmoid function）と呼ばれ

*29 ロジスティック回帰は回帰と名前はついているものの、値の推定・予測でなく分類を行うものである。

*30 水銀を絶対零度付近まで冷却すると、ある温度（4.2 K）で電気抵抗が0となる。（正確な定義ではないが）この現象を超伝導といい、超伝導を示す物質を超伝導物質と呼ぶ。現代では様々な化合物が超伝導を示すことがわかっており、より高い温度でも超伝導を示す物質を発見することができれば工学的な応用が見込まれている。何らかの手法で高い温度で超伝導を示す物質の組成を調べるのは重要である。ただしこの節で示しているような例は単純すぎるので、実際にはもう少し工夫が必要だと思われる。ちなみに実際にも機械学習は超伝導研究に使われており、[33] 等がある。

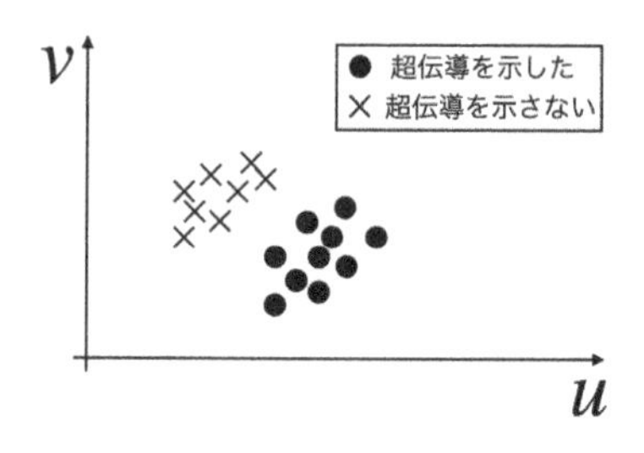

図 3.6 超伝導を示す物質を構成している物質のうちの 2 つの化合物の密度（濃度）など、2 つのパラメータのある空間の 2 つのラベルによる分類を考える。

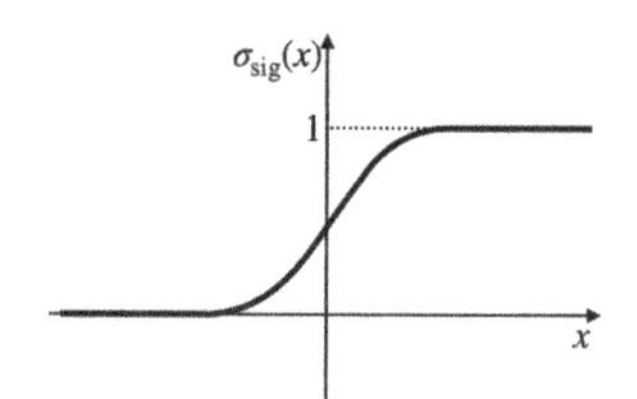

図 3.7 シグモイド（sigmoid）関数の概形。

る関数が使われる（**図 3.7**）。

シグモイド関数は $-\infty < x < \infty$ の変数を 0 から 1 に移す関数で

$$\sigma_{\mathrm{sig}}(x) = \frac{\mathrm{e}^x}{\mathrm{e}^x + 1} = \frac{1}{1 + \mathrm{e}^{-x}} \tag{3.7.1}$$

と定義される [*31]。また x での微分は、$\frac{d}{dx}\sigma_{\mathrm{sig}}(x) = \big(1 - \sigma_{\mathrm{sig}}(x)\big)\sigma_{\mathrm{sig}}(x)$ と自分自身で書ける。シグモイド関数は、**ロジスティック関数**（logistic function）とも呼ばれる。階段関数を

$$\sigma_{\mathrm{step}}(x) = \begin{cases} 0, & (x \leq 0) \\ 1, & (x > 0) \end{cases} \tag{3.7.2}$$

と書くとシグモイド関数は

$$\sigma_{\mathrm{step}}(x) = \lim_{a \to \infty} \sigma_{\mathrm{sig}}(ax) \tag{3.7.3}$$

*31 これは $\sigma_{\mathrm{sig}}(x) = \frac{1}{2}(\tanh(x/2) + 1)$ とも書ける。

となるため、なめらかにした階段関数とも見ることができる。

さて最尤法に基づいてロジスティック回帰の議論を進めてみよう。用意した物質の中のある化合物の密度（濃度）を $\vec{x}=(u \quad v)^\top$ とまとめて書くことにしよう。十分冷やしたときに超伝導を示すということを $S=1$、示さないことを $S=0$ と書くことにする。もし用意した物質が超伝導を示すなら、その物質に対応するデータ $\vec{x}$ に対してパラメータ付けされた条件付き確率

$$Q(S=1|\vec{x}) \tag{3.7.4}$$

が大きくなるようにパラメータを調整できればよい。もし用意した物質が超伝導を示さないとしても、「超伝導ではない確率」

$$Q(S=0|\vec{x})=1-Q(S=1|\vec{x}) \tag{3.7.5}$$

も同時に最大化しておきたい。これを手持ちの全てのデータに対して行えればよいことになる。

パラメータ付けされた条件付き確率を次のように仮定しよう。$\vec{w}=(w_1 \quad w_2)^\top$ と b をパラメータとして用意した物質が超伝導を示す条件付き確率を

$$Q(S=1|\vec{x})=\sigma_{\rm sig}(\vec{w}^\top\vec{x}+b) \tag{3.7.6}$$

とモデル化しよう。このようにモデルをおいて分類を行う手法を**ロジスティック回帰**（logistic regression）と呼ぶ。この条件付き確率は t を $0,1$ をとる変数としたときには、$S=1$ と $S=0$ をまとめて

$$Q(S=t|\vec{x})\equiv Q(S=1|\vec{x})^t Q(S=0|\vec{x})^{1-t} \tag{3.7.7}$$

のように書くことができる。この条件付き確率を使って最尤法を行う。

今までと同様にデータを $\mathcal{D}=\{(\vec{x}_1,t_1),\ (\vec{x}_2,t_2),\ ,\cdots,\ (\vec{x}_M,t_M)\ \}$ と書こう。ここで $\vec{x}_j$ は上で述べた個々のデータで t_j は 0 か 1 のラベルとなる。そして $\theta=\{\vec{w},b\}$ として尤度関数は、

$$f(\theta|y_1,\cdots,y_M)=\prod_{i=1}^{M}Q(S=t_i|\vec{x}_i) \tag{3.7.8}$$

となる。先の例と同様に対数をとると

$$\log f(\theta|y_1,\cdots,y_M)=\sum_{i=1}^{M}\Big[t_i\log Q(S=1|\vec{x}_i)+(1-t_i)\log Q(S=0|\vec{x}_i)\Big] \tag{3.7.9}$$

となり、これを最大化する θ を見つけることが課題になる。慣例的には、負符号をつけた**交差エントロピー**（cross entropy）

$$\begin{aligned}E_\theta(\mathcal{D})=-\sum_{i=1}^{M}\Big[&t_i\log\big(\sigma_{\rm sig}(\vec{w}^\top\vec{x}_i+b)\big)\\&+(1-t_i)\log\big(1-\sigma_{\rm sig}(\vec{w}^\top\vec{x}_i+b)\big)\Big]\end{aligned} \tag{3.7.10}$$

を最小化する θ を探す問題として定式化される。これには**勾配降下法**（gradient descent）が用いられる。勾配降下法については後で詳しく導出するが、j 番目のパラメータ θ_j を

$$\theta_j\leftarrow\theta_j-\epsilon\frac{\partial E_\theta(\mathcal{D})}{\partial\theta_j} \tag{3.7.11}$$

のように更新して最適解を求める手法である。ここで ϵ は正の小さな実数である。この記号の意味は、右辺を計算した後に左辺に代入するという意味である。

勾配降下法を実行するためには微分が必要であるので、$E_\theta(\mathcal{D})$ のパラメータによる微分を求めておこう。見た目を簡単にするために $\phi(\vec{x}_i)=\vec{w}^\top\vec{x}_i+b=\phi_i$ とおいて、パラメータによる微分を計算すると

$$\frac{\partial E_\theta(\mathcal{D})}{\partial\theta_j}=-\frac{\partial}{\partial\theta_j}\sum_{i=1}^{M}\Big[t_i\log\big(\sigma_{\rm sig}(\phi(\vec{x}_i))\big)+(1-t_i)\log\big(1-\sigma_{\rm sig}(\phi(\vec{x}_i))\big)\Big] \tag{3.7.12}$$

$$\begin{aligned}=-\sum_{i=1}^{M}\Big[&t_i\frac{\partial\log\sigma_{\rm sig}}{\partial\sigma_{\rm sig}}\frac{\partial\sigma_{\rm sig}(\phi_i)}{\partial\phi_i}\frac{\partial\phi(\vec{x}_i)}{\partial\theta_j}\\&+(1-t_i)\frac{\partial\log(1-\sigma_{\rm sig})}{\partial\sigma_{\rm sig}}\frac{\partial\sigma_{\rm sig}(\phi_i)}{\partial\phi_i}\frac{\partial\phi(\vec{x}_i)}{\partial\theta_j})\Big]\end{aligned} \tag{3.7.13}$$

$$=-\sum_{i=1}^{M}\Big[t_i\frac{1}{\sigma_{\rm sig}}+(1-t_i)\frac{-1}{1-\sigma_{\rm sig}})\Big]\big(1-\sigma_{\rm sig}(\phi_i)\big)\sigma_{\rm sig}(\phi_i)\frac{\partial\phi(\vec{x}_i)}{\partial\theta_j} \tag{3.7.14}$$

$$= -\sum_{i=1}^{M} \left[\left(t_i - \sigma_{\mathrm{sig}}(\phi_i)\right) \frac{\partial \phi(\vec{x}_i)}{\partial \theta_j} \right] \tag{3.7.15}$$

と非常に簡単になる。$\frac{\partial \phi(\vec{x}_i)}{\partial \theta_j}$ は具体的に変数を指定すれば計算できて

$$\frac{\partial \phi(\vec{x}_i)}{\partial w_j} = \frac{\partial}{\partial w_j}(\vec{w}^\top \vec{x}_i + b) = (\vec{x}_i)_j \tag{3.7.16}$$

$$\frac{\partial \phi(\vec{x}_i)}{\partial b} = \frac{\partial}{\partial b}(\vec{w}^\top \vec{x}_i + b) = 1 \tag{3.7.17}$$

となる。ただし $(\vec{x}_i)_j$ はベクトル $\vec{x}_i$ の j 成分である。これによって最適化できる。以上がロジスティック回帰であった。

これでニューラルネットを導入する準備は整ったので、次章で導入していこう。

第4章 ニューラルネットワーク

この章ではついにニューラルネットワークを導入する。**ニューラルネットワーク**（**ニューラルネット**ともいう）は、**マカロック**と**ピッツ**[34] によって動物の**ニューロン**（neuron）の数理モデルとして発明されたベクトル値関数 *1 である。ニューロンは神経を構成する細胞の一種であり、電気信号を伝える生体内の素子の働きをする。ニューロン同士は電気信号をやり取りするが、特徴的なのは、受け取った電気信号の合計値がしきい値以上になるまでつながっているニューロンに電気信号を出さないことである。そのためニューロンがスイッチのような役割を果たして情報処理を行っているとされている。

歴史的には上記のとおりだが、現在ではその起源を離れて、単にパラメータの入ったベクトル値関数として利用されている。数理モデルのニューロンを生体内のニューロンと区別して**人工ニューロン**などと呼ぶこともあるが、この本ではニューロンといえば数理モデルの方を指すこととする。

ニューロンを組み合わせて作るニューラルネットは、パラメータが多いため、表現性能が高く様々な関数（写像）を近似できる。この事実は万能近似定理と呼ばれており、この章で解説される。一方で多大なパラメータの数にもかかわらず比較的オーバーフィット（機械学習の文脈では過学習と

*1　関数の値がベクトルになる関数のこと。

いう）をしにくいことが知られているがこれについては未解決問題である。

4.1 ニューラルネットワークの概論

4.1.1 ニューラルネットの構成要素

ここでは、ニューラルネットワークを構成していくことで解説する。構成要素は下記の2つで、

1. アフィン変換
2. 非線形変換、**活性化関数**（activation function）

である。アフィン変換は、慣例的に線形変換とも言われているが厳密には切片が足せる分だけ異なっている[*2]。簡単に（非）線形関数という言葉について述べておこう。実数 x の関数 $f(x)$ が線形であるとは、任意の実数 a, x, y に対して

$$f(ax) = af(x) \tag{4.1.1}$$

$$f(x+y) = f(x) + f(y) \tag{4.1.2}$$

が成立することだった。これが成立しないとき $f(x)$ は非線形であるという。たとえば原点を通らない1次関数、2次関数や三角関数なども非線形関数である。また引数がベクトルのときも同様である。

さてアフィン変換を見よう。ある m 次元実ベクトル $\vec{x}$ と n 次元実ベクトル $\vec{v}$ に対して

$$\vec{v} = W\vec{x} + \vec{b} \tag{4.1.3}$$

を考える（**図4.1**）。ここで W は $n \times m$ 行列で**重み**（weight）と呼ばれ、また $\vec{b}$ は**バイアスベクトル**（bias vector）である。ここのバイアスは、確率のところで議論したバイアスとは関係がないので注意しよう。

もし結果変数が説明変数のアフィン変換で表現できる関係であれば、行列 W と $\vec{b}$ を調整すればフィットできるが、一般のデータではそれは期待

*2　アフィン変換は次元の高い線形変換に埋め込めるのでその意味では正しい。2.2.2 参照。

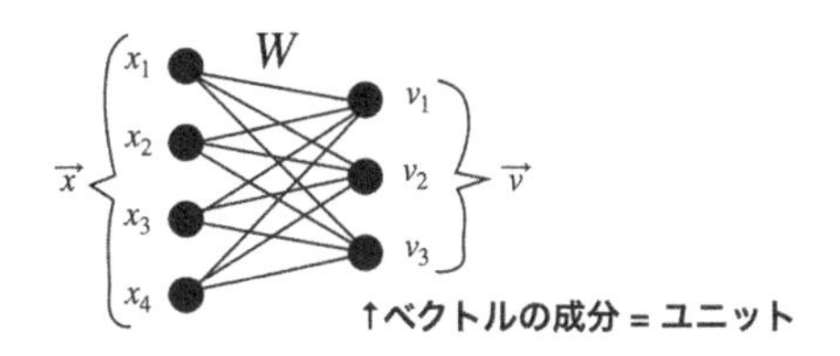

図 4.1 アフィン変換の概念図。

できない。

天下りではあるが次のような非線形変換を導入する [*3]。

$$\vec{z} = \sigma(\vec{v}) \in \mathbb{R}^n \tag{4.1.4}$$

ただし $\sigma(\vec{v})$ は後で具体的に指定する非線形関数である。また、関数に対してベクトルを引数としたときには要素ごとに作用する、つまり、

$$\sigma(\vec{v}) \overset{\text{def}}{\Leftrightarrow} \begin{pmatrix} \sigma(v_1) \\ \sigma(v_2) \\ \vdots \\ \sigma(v_n) \end{pmatrix} \tag{4.1.5}$$

と約束する。たとえば σ は典型的には、(3.7.1) で定義したシグモイド関数や ReLU（Rectified Linear Unit、レルと読む）

$$\sigma_{\mathrm{ReLU}}(x) = \max(0, x) \tag{4.1.6}$$

などが用いられる（図 4.2）。シグモイドは、神経の活性化に類似している

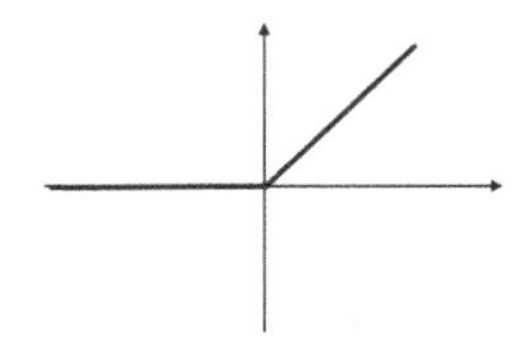

図 4.2 ReLU（Rectified Linear Unit）の図。

*3 元々は神経の電位の非線形性を表現するために導入された $\sigma_{\mathrm{step}}(x)$ が起源であるが、ここではなめらかな関数を想定している。

ため歴史的によく使われていたが、近年は ReLU がよく使われている。

4.1.2 ニューラルネットとはパラメータ付きの関数

以下では、簡単のためパラメータを $\theta = \{w_{ij}, b_i\}_{i,j=1,2,\cdots}$ と書く。ここで $W = [w_{ij}], \vec{b} = b_i$ である。

ニューラルネットワーク（neural network）は、線形変換と非線形関数の入れ子であるような合成関数である。一番簡単なニューラルネットワークは、2層ニューラルネットワーク

$$\vec{f}_\theta(\vec{x}_d) = \sigma^{(2)}(W^{(2)}\sigma^{(1)}(W^{(1)}\vec{x}_d + \vec{b}^{(1)}) + \vec{b}^{(2)}) \tag{4.1.7}$$

のことである。ここで $\sigma^{(1)}$ や $\sigma^{(2)}$ は適当な活性化関数である。

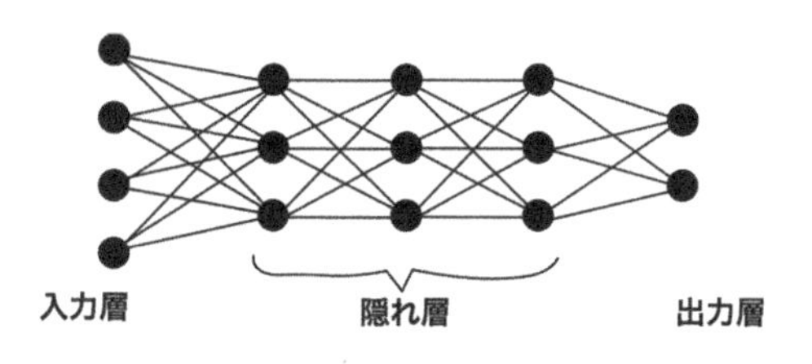

図 4.3　ニューラルネットの模式図。

ニューラルネットは**図 4.3** のように図示される。黒丸がベクトルの各成分に対応し、実線が重み W に対応する。模式図であるため、バイアス項と活性化関数は図に現れていない。左端が入力側で右端が出力側であり、左から右に読むことになる。図 4.3 のニューラルネットは、4 次元から 2 次元への写像で全部の層を合わせて 4 層ある。各層の中の黒丸の数をユニット数や素子数といったりもする。

このようなアフィン変換と活性化関数の繰り返しで作られるニューラルネットワークは、**全結合ニューラルネットワーク**（fully connected neural network、dense neural network）と呼ばれる *4。第 1 層で情報が入力さ

*4　これ以外にも様々な構造が考えられる。その一種である畳み込みニューラルネットワークは後の章で解説される。

れる層を入力層、最終層である情報が出力される層を出力層と呼ぶという約束にしておこう。またその中間を**隠れ層**（hidden layer）と呼ぶ。何層使うと深層かという具体的な基準は存在しないが、中間層が 2 つ以上あれば深層といってもはばかりがないように思う [*5]。深層ニューラルネットを使った学習を**ディープラーニング**（deep learning）や**深層学習**という。

データ $\vec{x}_d$ を入力して、あるベクトル $\vec{f}_\theta(\vec{x}_d)$ が出てくる情報の流れを**順伝播**（でんぱ）と呼ぶ。のちに出力層から入力層に向かう流れを考えるがそちらは**逆伝播**と呼ばれる。

ニューラルネットワークは**図 4.4** の右図のようにも描かれる。左右の図は同じニューラルネットを表すが、右側の表記では、層が白抜きの長方形、アフィン変換に対応する部分が 1 本の直線で描かれる。こちらの表記の方がシンプルになる。

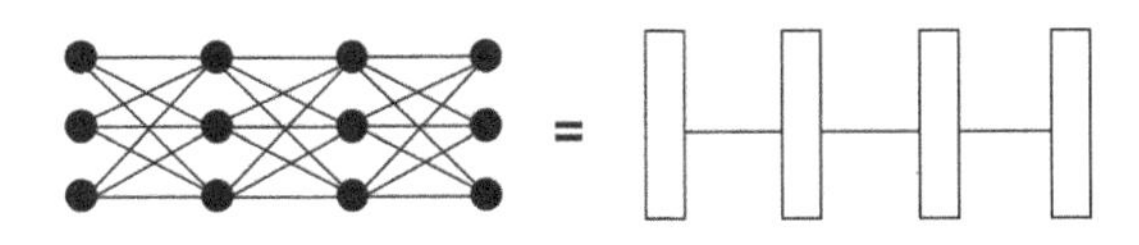

図 4.4 ニューラルネットの様々な図示の方法。右側では線形変換が 1 本の線で描かれている。

ここで前章で登場したロジスティック回帰を見直してみると、入力を $\vec{x}$ としたときの“出力”は

$$\sigma_{\mathrm{sig}}(\vec{w}^\top \vec{x} + b)$$

であったので、これもある種のニューラルネットとみなすことができる。

一般のニューラルネットはロジスティック回帰に比べて複雑な関数を表現できるため、顔画像の認識などの難しい課題もこなすことができる。その能力を定性的に示すのが次に説明する万能近似定理である。

*5 ただし Google などが研究に使う深層ニューラルネットは 100 層以上はざらであるので、これに比べると 4 層は浅いように見える。

4.2 万能近似定理

ここでは、ニューラルネットが関数近似を行える一端を見られる**万能近似定理**（universal approximation theorem、**普遍性定理**とも訳される）[35] を見ていく。類似の定理は、たくさんの人によって証明されてきたが、ここでは M. Nielsen による簡便な証明を説明することにする*6。

4.2.1 1次元ニューラルネットワークの万能近似定理

まず直観を得るために簡単なセットアップとして1次元変数 x の入力を受け付け、出力が1次元であるようなニューラルネットを考えよう。ユニット数は後で決めることにして隠れ層は1層であるとしよう。

このときには重みはベクトルになり、下記のように書ける。

$$f(x) = \vec{W}^{(2)} \cdot \sigma_{\mathrm{step}}(\vec{W}^{(1)} x + \vec{b}^{(1)}) + \vec{b}^{(2)} \tag{4.2.1}$$

ここで $\vec{b}^{(2)}$ は今の場合には要素数が1つであるが、他と合わせるためにベクトルとして記号を書いた。さらに説明のために活性化関数として**階段関数** $\sigma_{\mathrm{step}}(x)$ を選んだ。これはロジスティック回帰のところでも説明したとおり、シグモイド関数の極限だと思える。$\vec{W}^{(l)}$ は重み、$\vec{b}^{(l)}$ はバイアスである。

$$\vec{W}^{(l)} = (w_1^{(l)}, w_2^{(l)}, w_3^{(l)}, \cdots, w_{n_{\mathrm{unit}}}^{(l)})^\top \tag{4.2.2}$$

$$\vec{b}^{(l)} = (b_1^{(l)}, b_2^{(l)}, b_3^{(l)}, \cdots, b_{n_{\mathrm{unit}}}^{(l)})^\top \tag{4.2.3}$$

そして各成分 $w_i^{(l)}, b_i^{(l)}$ は実数とする。$l = 1, 2$ は層の通し番号である。n_{unit} は各層でのユニット数で、後で決めることにする。

4.2.2 1層目と2層目で何が起こるか

まずは、1層目と2層目で何が起こるかを $n_{\mathrm{unit}} = 1$ で見てみる。この

*6 彼のウェブサイトでは、下記の証明をニューラルネットを図示的に操作しながら行えるのでぜひ訪れてみてほしい[36]。

場合、3 層目には以下が入力される。

$$g_1(x) = \sigma_{\text{step}}(w_1^{(1)} x + b_1^{(1)}) \tag{4.2.4}$$

$w_1^{(1)}$ は 0 でないとしておこう。このときには $w_1^{(1)}$ と $b_1^{(1)}$ を調整すると、階段関数が左右に動くことがわかる。実際、$\tilde{b}_1^{(1)} = -b_1^{(1)}/w_1^{(1)}$ と置くと

$$g_1(x) = \sigma_{\text{step}}\big(w_1^{(1)}(x - \tilde{b}_1^{(1)})\big) \tag{4.2.5}$$

となり、$\tilde{b}_1^{(1)}$ を正の方向に大きくすると階段関数は右に動く（**図 4.5**）。

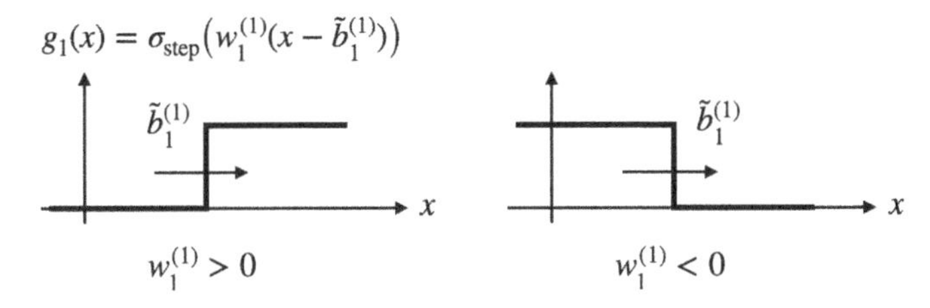

図 4.5 (4.2.5) の模式図。$w_1^{(1)}$ の符号によって階段の向きが違うが、$\tilde{b}_1^{(1)}$ を正の方向に大きくするとグラフは右に動く。

さらに右辺に係数 $w_1^{(2)}$ を掛けたものを $g_2(x)$ と呼ぶと

$$g_2(x) = w_1^{(2)} \sigma_{\text{step}}(w_1^{(1)} x + b_1^{(1)}) \tag{4.2.6}$$

である。すると階段関数の高さを $w_1^{(2)}$ の符号によって負の方向にも自由に変えることができることがわかる。また第 2 層に対するバイアス項 $b_1^{(2)}$ を追加すると、階段関数の値も変えることができることになる。

ここで中間層のユニット数を増やし $n_{\text{unit}} = 2$ としてみる。先と同様に $\tilde{b}_i^{(1)} = -b_i^{(1)}/w_i^{(1)}$ $(i = 1, 2)$ とすると、対応する関数は、

$$g_3(x) = w_1^{(2)} \sigma_{\text{step}}(w_1^{(1)}(x - \tilde{b}_1^{(1)})) + w_2^{(2)} \sigma_{\text{step}}(w_2^{(1)}(x - \tilde{b}_2^{(1)})) \tag{4.2.7}$$

となる。すると $\vec{W}^{(l)}$、$\tilde{b}_i^{(1)}$ をパラメータとして任意の高さと幅の矩形（くけい）関数を描くことができる。たとえば、

$$w_1^{(1)} = w_2^{(1)} = 1,\ \ \tilde{b}_1^{(1)} = 0.5,\ \ \tilde{b}_2^{(1)} = -0.5,\ \ w_1^{(2)} = -1,\ \ w_2^{(2)} = 1$$

とすると、-0.5 から 0.5 までの高さ 1 の矩形関数を描くことができる（**図 4.6** の左）。中間層のユニット数が 2 個あるときに矩形関数を 1 つ作ることができる。

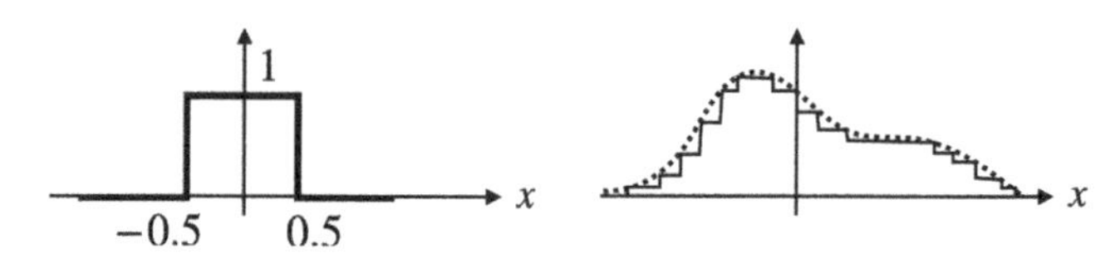

図 4.6 左図は (4.2.7) を利用して作った矩形関数の図。右図は破線で示した連続関数を矩形関数の組み合わせで近似したときの模式図。

さらに中間層のユニット数を増やして $n_{\text{unit}} = 2k\ (k > 1)$ を考えてみる。このときには先の例によって 2 ユニット使うと 1 つの矩形関数が作れることがわかっているので、k 個の矩形関数を重ね合わせたグラフを描くことができる。連続な目的関数 $t(x)$ を考えたとき、上記で考えたニューラルネットワーク $f(x)$ は、n_{unit} を大きくし、パラメータを調整することでいくらでも矩形関数を作って組み合わせられるので、関数の近似を求める精度まで良くすることができる [*7]。たとえば、**図 4.6** の右のような状況で、破線が目的関数 $t(x)$ に対応し、実線が $f(x)$ である。ある x_0 を与えたときに $t(x_0)$ でも $f(x_0)$ でも似たような関数値を与えており、$t(x_0) \approx f(x_0)$ となっている。また精度は n_{unit} を大きくすることで改善できる。

このため、1 次元ニューラルネットワークは "任意の連続関数" を望む精度で表現できることになる。

4.2.3 ニューラルネットワークの万能近似定理

上記で述べた事実は、高次元に拡張することができる。すなわち、$\vec{x}$ から $\vec{f}(x)$ への連続写像はニューラルネットワークを用いて表現することができる。この事実はニューラルネットワークの**万能近似定理**と呼ばれている。

*7　もちろん数学的には有界であるなどの条件はつくが、ここでは議論しない。

この定理が非現実的な状況であることに注意されたい。1つ目の理由は、活性化関数が階段関数であることである。後で学ぶ誤差逆伝播法に基づく学習では、活性化関数の微分を使ってニューラルネットワークのパラメータを調整するため階段関数では目的に添えない。2つ目として、無限個の中間ユニットが必要な点である。これは定量的な問題として、ニューラルネットワークがどのように、どれくらいのスピードでどのような精度で目的とする関数への近似が良くなるかについては述べられていない。もう1つの注意としては、この定理はあくまで目的の関数の近似をニューラルネットワークが与えられるということしか言っていない点である。ただしそれでも、この定理はなぜニューラルネットワークが強力かということの一部を捉えて直観的に説明している。

Column

新しい道具と新理論

物理の歴史を振り返ってみると、新しい道具を使って物理の研究をしているときに、思いがけず新理論に到達したりする。ここでは2つの例を見てみよう。

第1章の冒頭でも述べたとおり、ガリレオは当時の最新技術である望遠鏡を使って月面を観察しクレーターを見つけて月が完全な球面でないことや太陽の黒点、木星の衛星を数々発見した。当時の科学の思考様式は聖書等からの演繹によって真理を探求するものとされており[13]、当時の常識からは逸脱した発見であった。そのため「望遠鏡が現実を歪めている」と言われて見つけたものは偽りとされた[5]。その後の歴史の示すとおり、ガリレオの研究は後のニュートンの重力研究につながっていった。

次に現代の素粒子物理に欠かせない加速器に話を移そう[37]。加速器とは粒子を加速し標的にぶつけて飛び出た粒子の運動量や電荷、分布を観察することによって粒子と標的の間に何が起こったかを調べる実験装置である。1932年にジョン・コッククロフト（Cockcroft）とアーネスト・ウォルトン（Walton）は、テーブルの上に載るような加速器を作り、リチウム原子核を別の核子に変換することに成功した。時代は進み1950年代、加速器によって（現在では）ハドロンと呼ばれる粒子が多数発見された。これらの粒子は、電子に比べて大きなスピン（角運動量、自転のような性質）をもっているのが特徴であったが正体は不明であった。イタリアの若い理論家のトゥーリオ・レッジェ（Regge）は、静止質量の2乗とスピンの間に1次式で書ける関係を見つけた（レッジェ軌道）。そののちレッジェ軌道を説明する双対共鳴模型がガブリエーレ・ベネチアーノによって発見された。それが南部陽一郎らの弦理論、そして現代の**超弦理論**につながってきた [*8]。

現代にも新しい道具が多数ある。たとえば重力波望遠鏡やニューラルネット、量子コンピュータなどである。これらが直接的に研究に使われているのは事実であるが、筆者はこれらも将来思いもかけない発見や理論的な進展につながっていくかと、妄想をたくましくしている。

*8　南部と独立に弦理論の作用に到達した後藤鉄男や、大学院生のときに弦理論に重力が含まれていることを発見した米谷民明らも挙げるべきであるが、詳細はたとえば[38] などの他書を当たってほしい。

第5章

トレーニングとデータ

ここでは全結合ニューラルネットワーク（fully connected neural network、dense neural network）を用いて**ニューラルネットの学習**を説明する。

まず教師あり学習とは、データの組 $(\vec{x}, \vec{y})$ がたくさん与えられた場合に、パラメータ θ の入った関数 $f_\theta(\vec{x})$ を使って未知のデータ $\vec{x}$ が与えられたときにそれらしい予測値を返す枠組みであった。そういったパラメータ θ に依存する関数 $f_\theta(\vec{x})$ として前章ではニューラルネットワークを導入した。

この章では、教師あり学習の例としてニューラルネットを使ってアヤメの花びらに関するデータからアヤメの種類を推測することを目標として、いかに入出力が行われるかを説明しよう。次章で Python に入門した後、本章で説明したニューラルネットワークを第1章で実装してみる。

5.1 ニューラルネットワークの入出力と学習

この節ではニューラルネットでどうやってデータを取り扱うか、次節では誤差関数について説明する。今までは、ニューラルネットを用いて値を予測する手法（回帰問題）を説明してきたが、以降は分類問題を説明していく。

5.1.1 フィッシャーのアヤメ

データとして具体的に**フィッシャーのアヤメ**（Fisher's iris）を取り上げる。フィッシャーのアヤメとは、現代統計学の父と呼ばれる統計学者のロナルド・フィッシャー（Ronald Aylmer Fisher）の1936年の論文に掲載されたデータである[39]。その論文ではデータに基づき、線形分類法でアヤメを分類しているのだが、ここではあえてニューラルネットで分類を試みる。以下で説明するとおり、実はニューラルネットワークを持ち出さなくともフィッシャーの手法で分類ができる。しかし、理論物理では解法に慣れるためにほとんど自明に思える簡単な模型（たとえば摩擦のない床の上の運動）から始めるので、その精神に従って簡単なデータセットから始めるのである。

データセットの説明をしよう。各データは花びらの幅と長さ、がくの幅と長さの4次元のデータからなる入力用のデータと、3種のアヤメであるセトーサ（setosa）、ヴェルシカラー（versicolor）、バージニカ（virginica）の教師ラベルがペアになっている。また全データ数は150個である。

5.1.2 フィッシャーのアヤメをニューラルネットに入力

フィッシャーのアヤメの入力データは以下の

$$\vec{x}_i = \begin{pmatrix} i\text{番目のアヤメのがくの長さ} \\ i\text{番目のアヤメのがくの幅} \\ i\text{番目のアヤメの花びらの長さ} \\ i\text{番目のアヤメの花びらの幅} \end{pmatrix} \tag{5.1.1}$$

といった4次元実ベクトルの集まりである。各データのラベル（ここではアヤメの種類）を特徴づけるので、これらの値は**特徴量**（feature）であるとも言われる。

見方を変えると1つの入力データはこの4次元空間の1点になる。データ数は150個だったので4次元空間の中の150個の点になっているわけである。3種のアヤメの分類をしたいのであるが、もしそれらのデータがアヤメの種類ごとに塊に分かれていれば分離できそうである。たとえば**図 5.1**を見てみよう。この図は、花びらの長さと幅の散布図であるが種類ごとの塊に分かれている *1。特に、setosa とほか 2 種は、ここに直線を 1 本引くだけで分割することができる。ニューラルネットワークは線形な分類法よりも強力であるため、分類はうまくいくと期待できる。

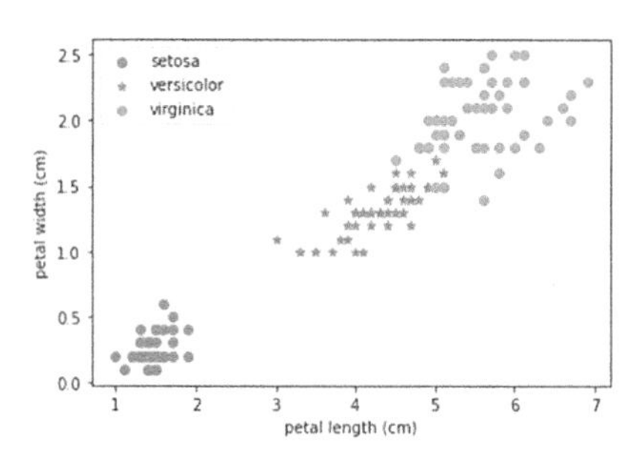

図 5.1 フィッシャーのアヤメの花びらの長さと幅の散布図。図示してみると種類ごとに塊ができているのがわかる。

5.1.3 学習のためのラベル付けと出力

ニューラルネットワークによる分類においては、教師ラベルや出力も工夫しておく必要がある。まずデータセット側の話である**教師ラベル**を説明する。今の場合、分類がセトーサ（setosa）、ヴェルシカラー（versicolor）、バージニカ（virginica）の 3 種なので、3 次元の "単位ベクトル" を割り当てることにする。すなわち

$$\text{セトーサ} \equiv \begin{pmatrix} 1 & 0 & 0 \end{pmatrix}^\top \tag{5.1.2}$$

$$\text{ヴェルシカラー} \equiv \begin{pmatrix} 0 & 1 & 0 \end{pmatrix}^\top \tag{5.1.3}$$

*1 このアイデアに関連して**多様体仮説**[40] というものがある。データは特徴空間全体に広がっているわけではなく、その一部で図形を描くように埋め込まれている（低次元多様体をなす）というものである。

$$\text{バージニカ} \equiv \begin{pmatrix} 0 & 0 & 1 \end{pmatrix}^\top \tag{5.1.4}$$

としておく。このような1成分だけが1になっているベクトルを**ワンホットベクトル**（one-hot vector）と呼ぶ。このようにしておくと、以下で説明するニューラルネットの出力との相性が良い。

次にニューラルネットの出力から分類情報を出力する方法について説明する。2種類への分類問題はロジスティック回帰で行えたが、多種類への分類もロジスティック回帰の拡張で行える。ロジスティック回帰の場合には、出力を確率とみなすためにシグモイド関数を線形変換（アフィン変換）の後に作用させたが、ここでは多クラス分類において複数のクラスに対応するように拡張したものを導入する。それは**ソフトマックス関数**（softmax function）と呼ばれており、

$$\sigma_{\text{softmax}}(v_k) = \frac{\exp(v_k)}{\sum_j \exp(v_j)} \tag{5.1.5}$$

である。定義により $0 < \sigma_{\text{softmax}}(v_k) \leq 1$ と $\sum_k \sigma_{\text{softmax}}(v_k) = 1$ なので、この出力は各クラスに所属する“確率”として解釈できる。ここの“確率”は、より慎重に言うならば、確信度と言い換えた方がよいかもしれない。

図5.2は、ソフトマックス関数の作用の様子を表したものである。今、ある実数 x を入力とする2層のニューラルネットがあり、最終層は3ユニットある状況を考える。つまり3種類の分類問題を考えている。最終層で活性化関数（ソフトマックス関数）を入力する前の模式図が左図で、入力に対して関数になっている。右図がソフトマックス関数を作用させた後の図である。見てわかるとおり、各 x において出力の合計が1になっている。ソフトマックス関数は活性化関数としてはベクトルの全成分の情報を使うため特殊である。つまりソフトマックス関数は成分ごとに作用する他の活性化関数とは異なる。

次に**ソフトマックス関数の出力の解釈**について説明する。たとえば、ある入力 $\vec{x}$ に対して訓練済みのニューラルネットが

$$\sigma_{\text{softmax}}(\cdots(W\vec{x} + \vec{b})\cdots) = \begin{pmatrix} 0.1 & 0.6 & 0.3 \end{pmatrix}^\top \tag{5.1.6}$$

と出力したとしよう。教師ラベルがワンホットベクトルに対応しており、1

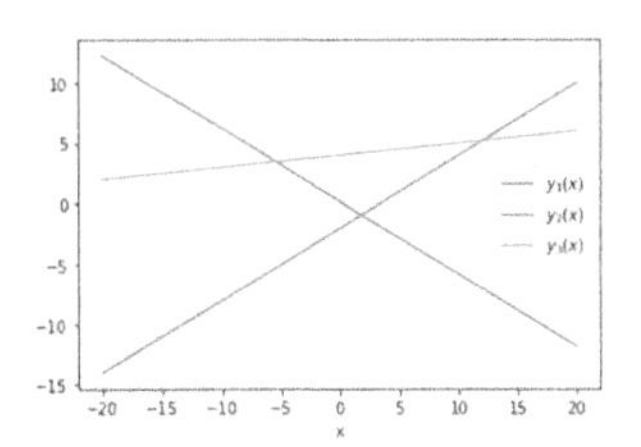

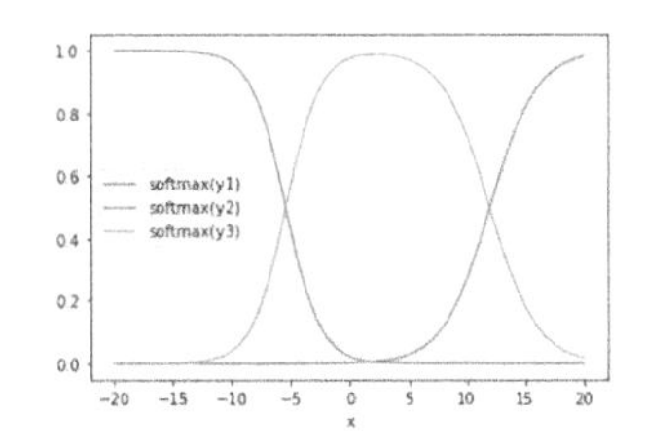

図 5.2 ソフトマックス関数の作用の様子。

番目の成分がセトーサ、2 番目の成分がヴェルシカラー、3 番目の成分がバージニカに対応するのであった。出力を "確率" としてみるとヴェルシカラーの成分が一番大きい。したがって、このニューラルネットワークは入力データを（60%の "確率"、確信度で）ヴェルシカラーと判断していると解釈することになる。

後の章の実践では、入力である 4 次元ベクトル

$$(\text{花びらの幅}, \text{花びらの長さ}, \text{がくの幅}, \text{がくの長さ})^\top$$

からアヤメの種類ごとの "確率"（確信度）を表す 3 次元ベクトルへの関数（写像）をニューラルネットワークを使って作ることになる。そしてそのような写像は万能近似定理からニューラルネットによって必ず表現できることになる。

図 5.3 はニューラルネットによるアヤメの分類の模式図である。左は**図 5.1** に対応する図である。わかりやすさのためにアヤメの種類ごとに色を分けたが、本来はグラフの座標（特徴量）だけから学習済みのニューラルネットを使って分類を行う *2。右はニューラルネットの出力およびワンホットベクトルを示す図である。縦軸、横軸に対応する単位ベクトルが正解ラベルのワンホットベクトルである。左図で赤色の塊がある領域はニューラルネットによって右図の赤色のベクトルあたりに写像される（青も同様）。なので似た特徴をもつものは、同じクラスへ分類される。もし新たなデータを足しても、今考えているアヤメの種類のいずれかならば、どれかの塊の近くにその点は対応するはずなので、正しく分類できることになる。

*2 もちろんここでは教師あり学習を念頭に置いているので、学習の際はアヤメの種類の情報を使う。

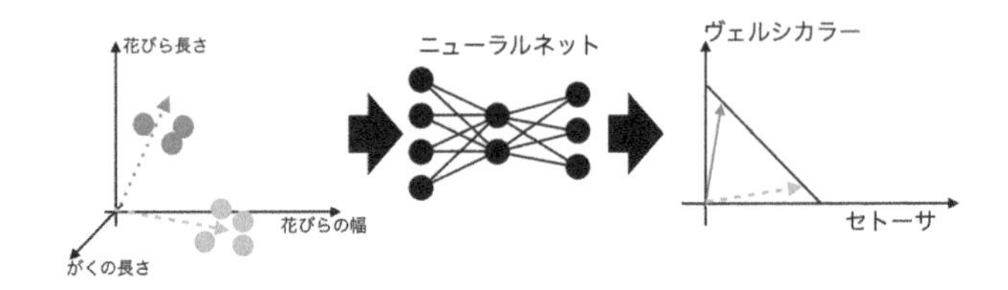

図 5.3 アヤメの分類の模式図。左は図 5.1 に対応する図である。右はニューラルネットの出力およびワンホットベクトルを示す図である。

5.1.4 画像の入力

ここで少し話が変わるが、画像データをニューラルネットワークに入力する場合を考えよう。それは一番単純には下記のように行えばよいことが知られている。画像をピクセル（pixel、画素）の集合だと考えてベクトルのように並べる。たとえば、4×4 ピクセルの 2 値の画像の場合、

$$\begin{pmatrix} 0 & 1 & 1 & 0 \\ 1 & 1 & 1 & 0 \\ 0 & 1 & 1 & 0 \\ 1 & 1 & 1 & 1 \end{pmatrix} \to \begin{pmatrix} 0 & 1 & 1 & 0 & 1 & 1 & 1 & 0 & 0 & 1 & 1 & 0 & 1 & 1 & 1 & 1 \end{pmatrix}^\top \tag{5.1.7}$$

$$= \vec{x} \tag{5.1.8}$$

と 16 次元ベクトルにすればよい *3。

具体例として MNIST[41] と呼ばれる 0 から 9 までの手書き数字のデータセットを考えてみる。MNIST の手書き文字は、28×28 ピクセルのグレースケール画像であり、各ピクセルは 0 から 255 までの数であり、1 つの手書き文字は $28 \times 28 = 784$ ピクセルで表される。各ピクセルを要素として並べたものをベクトル $\vec{x}$ とみなしてニューラルネットに入力するので、入力は 784 次元ベクトルである。MNIST は学習用に 60000 個、検証用に 10000 個のデータをもつので 784 次元空間に 70000 個の点がばらまかれていることになる。そして正解ラベルは 10 個であるのでワンホットベクト

*3 現代的には画像を取り扱うには畳み込みを行うべきであり後の章で解説する。

ルは 10 次元となる。つまりニューラルネットワークの手書き文字認識は、784 次元空間から 10 次元空間への写像を作る問題となる。**図 5.4** はその模式図である。アヤメと同様だが、左のベクトル空間ではもはや縦軸や横軸に意味はない。

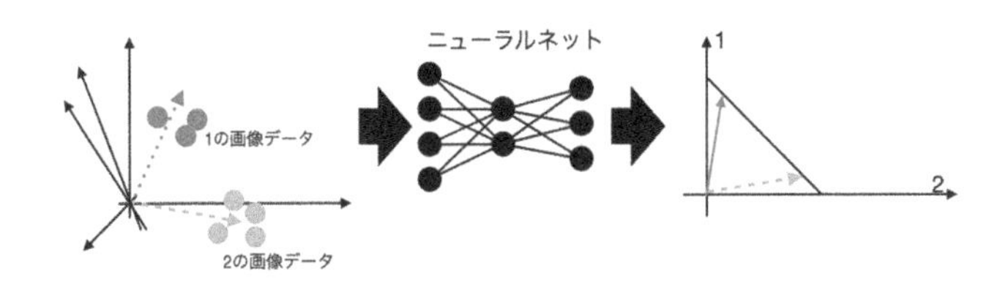

図 5.4 手書き数字の分類の模式図。左は画像をベクトル空間の 1 点と考えた 784 次元空間を表している。右はニューラルネットの出力およびワンホットベクトルの 10 次元空間を示す図である。ニューラルネットの入力層のユニット数は 784、出力層のユニット数は 10 である。

5.2 誤差関数と汎化、過学習

ニューラルネットに対して誤差関数 *4 を考えてみよう。誤差関数は正解ラベルとニューラルネットワークの出力の違いを見ればよいので、ひとまず 2 乗距離でとることにする。第 3 章と同じくデータを確率変数とみなして入力を $\vec{X}$、正解ラベルを $\vec{Y}$、ニューラルネットワークを $\vec{f_\theta}$ で書くことにすると、誤差関数は

$$\mathbb{E}\left[L_\theta[\vec{X},\vec{Y}]\right] = \frac{1}{2}\mathbb{E}\left[|\vec{Y} - \vec{f_\theta}(\vec{X})|^2\right] \tag{5.2.1}$$

となる。誤差関数はデータの分布に対して計算されるべきであるから期待値の形で表した。しかしこれはデータに関する分布がない限り計算できないため、与えられたデータで近似する *5。

$$\mathbb{E}\left[L_\theta[\vec{X},\vec{Y}]\right] \approx \frac{1}{N_D}\frac{1}{2}\sum_d |\vec{y}_d - \vec{f_\theta}(\vec{x}_d)|^2 = \overline{L}_\theta \tag{5.2.2}$$

*4 **誤差関数**（error function）は**損失関数**（loss function）とも呼ばれる。

*5 これはちょうど第 3 章で見たような、汎化誤差の経験誤差による近似となっている。

そして $\overline{L}_\theta$ を小さくするように $\theta=\{W^{(l)},\vec{b}^{(l)}\}_{l=1,2,\cdots}$ を調整することを学習（training）と呼んでいる。

機械学習の文脈では、期待値で定義された誤差 $\mathbb{E}[L_\theta]$ を**汎化誤差**（generalization error、generalization loss）、訓練データを用いて計算されたサンプリング近似の誤差 $\overline{L}_\theta$ を**訓練誤差**（training error、training loss）と呼ぶ。また検証データを用いて計算されたサンプリング近似の誤差を**検証誤差**（validation error、validation loss）と呼ぶ。データを用いた学習では訓練誤差 $\overline{L}_\theta$ しか小さくできないためこれが使われるが、一方で、本来最小化したいのは汎化誤差 $\mathbb{E}[L_\theta]$ であることを常に覚えておく必要がある。つまり汎化誤差 $\mathbb{E}[L_\theta]$ を気にせずに訓練誤差 $\overline{L}_\theta$ のみを小さくした場合には、ニューラルネットが訓練データ特有の部分を覚えてしまい、未知のデータに対して意味のない出力をしてしまう可能性、つまり過学習の可能性がある。過学習を検知して防ぐために、データの分割が必要となる。

5.2.1 データの分割とミニバッチ

ここでは次節で解説する学習のため、データの分割について解説する。具体例をもって説明しよう。たとえば以下のようにデータが 15 個集まった状況を考えよう。

$$\begin{aligned}\mathcal{D}=\bigl\{&(\vec{x}_1,\vec{y}_1),\ (\vec{x}_2,\vec{y}_2),\ (\vec{x}_3,\vec{y}_3),\ (\vec{x}_4,\vec{y}_4),\ (\vec{x}_5,\vec{y}_5),\\ &(\vec{x}_6,\vec{y}_6),\ (\vec{x}_7,\vec{y}_7),\ (\vec{x}_8,\vec{y}_8),\ (\vec{x}_9,\vec{y}_9),\ (\vec{x}_{10},\vec{y}_{10}),\\ &(\vec{x}_{11},\vec{y}_{11}),\ (\vec{x}_{12},\vec{y}_{12}),\ (\vec{x}_{13},\vec{y}_{13}),\ (\vec{x}_{14},\vec{y}_{14}),\ (\vec{x}_{15},\vec{y}_{15})\bigr\}\end{aligned} \tag{5.2.3}$$

これを 3 つに分割する。たとえば下記のようにする。

$$\mathcal{D}=\mathcal{D}_{\text{train}}\cup\mathcal{D}_{\text{val}}\cup\mathcal{D}_{\text{test}} \tag{5.2.4}$$

$$\begin{aligned}\mathcal{D}_{\text{train}}&=\bigl\{(\vec{x}_1,\vec{y}_1),\ (\vec{x}_2,\vec{y}_2),\ (\vec{x}_3,\vec{y}_3),\ (\vec{x}_4,\vec{y}_4),\ (\vec{x}_5,\vec{y}_5),\ (\vec{x}_6,\vec{y}_6)\bigr\},\\ \mathcal{D}_{\text{val}}&=\bigl\{(\vec{x}_7,\vec{y}_7),\ (\vec{x}_8,\vec{y}_8),\ (\vec{x}_9,\vec{y}_9),\ (\vec{x}_{10},\vec{y}_{10})\bigr\},\\ \mathcal{D}_{\text{test}}&=\bigl\{(\vec{x}_{11},\vec{y}_{11}),\ (\vec{x}_{12},\vec{y}_{12}),\ (\vec{x}_{13},\vec{y}_{13}),\ (\vec{x}_{14},\vec{y}_{14}),\ (\vec{x}_{15},\vec{y}_{15})\bigr\}\end{aligned} \tag{5.2.5}$$

データの集合 $\mathcal{D}_{\mathrm{train}}$ を学習（training）用のデータということで**学習データ**と呼ぶ。学習データは**訓練データ**（training data、**トレーニングデータ**）とも呼ばれる。また $\mathcal{D}_{\mathrm{val}}$ を検証（validation）用のデータということで**検証データ**（validation data）と呼ぶ。そして $\mathcal{D}_{\mathrm{test}}$ をテスト（test）用のデータということで**テストデータ**（test data）と呼ぶ[42]。

分割したデータは以下のように運用する。

1. 訓練データ（training data）: ニューラルネットのパラメータの最適化に用いる。
2. 学習に使わないデータ [*6]
   (a) 検証データ（validation data）: 検証誤差を調べる。また**ハイパーパラメータ**の調整にも使う [*7]。
   (b) テストデータ（test data）: 汎化性能を確かめる。ハイパーパラメータの調整によって特定のデータセットへの過学習を避けるため最後に 1 回だけ使うのが望ましい。

これは図 5.5 のように描くことができる。

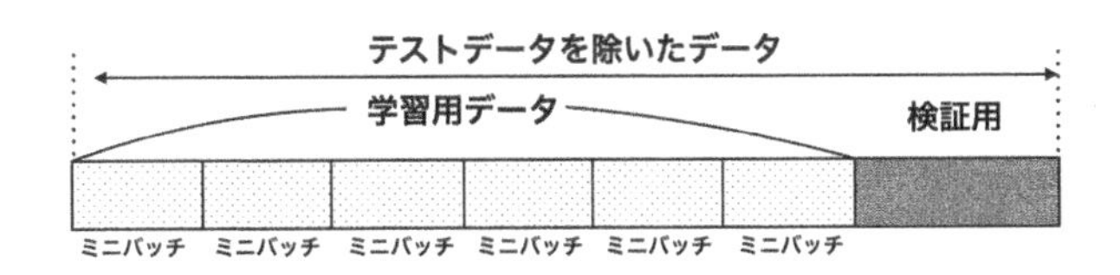

図 5.5 テストデータを除いたデータの分割の図。図の「ミニバッチ」と書かれているところには 1 つ以上のデータが含まれている（ミニバッチが何であるかもこの後説明される）。

学習は次節で解説するように反復によって行われる。反復の間に検証データに対しての誤差を観察することでモデルパラメータに関する過学習の兆候を調べることができる。また学習用のデータである $\mathcal{D}_{\mathrm{train}}$ はそのまま 1 つ 1 つニューラルネットに入れてそのつどニューラルネットを最適化して

*6 文献によっては検証データとテストデータの用語が混乱している場合があるのでどちらを指しているか注意すること。

*7 ハイパーパラメータが何であるかはこの後説明される。

もよいし、誤差関数を全学習データの和にとってもよいなどの自由度がある。またその中間として、いくつかのグループに分割しておいて、そのグループごとに誤差関数を計算して最適化してもよいはずである。以下で説明するように、それぞれ、オンライン学習、バッチ学習、ミニバッチ学習と呼ばれている。

5.3 誤差関数の最適化・学習

誤差関数を最適化するパラメータ $\theta = \{W^{(l)}, \vec{b}^{(l)}\}$ を見つける過程を機械学習の文脈では学習（training）と呼ぶ。また W や $\vec{b}$ は乱数を用いて初期化されるが、どのような初期化が良いかというのはまだまだ研究がなされている。以下では学習の基本的な手法を紹介する。

もしニューラルネットが非線形関数を含まず、誤差関数が2乗誤差の場合には単なる線形回帰になるため最小2乗法の議論を使うことができる。しかしながらニューラルネットワークの場合には誤差関数が重み全ての2次形式でないため単純な最小2乗法の議論を用いることができない。そこで以下のように近似解を繰り返し修正していく反復法という手法を用いることを考える。このような反復的な手法として一般的に知られているのが**ニュートン・ラフソン法**（Newton-Raphson method、以下では簡単に**ニュートン法**と呼ぶ）である。

ニュートン法とは、関数 $y = g(x)$ と与えられたときに $g(x) = 0$ を満たす解 [*8] x を求める反復法の1つである。簡単のために1変数関数 $g(x)$ でニュートン法を導出してみよう。解を a とおき、つまり $g(a) = 0$ として a の十分近くの点 $x^{(0)}$ が何らかの手法（当てずっぽうでもよい）でわかっていたと仮定しよう。このとき、$g(a)$ の $x^{(0)}$ を中心とするテイラー展開は

$$g(a) = g(x^{(0)}) + (a - x^{(0)}) \frac{d}{dx} g(x) \Big|_{x=x^{(0)}} + O(\Delta^2) \qquad (5.3.1)$$

と与えられる。ただし $\Delta = |a - x^{(0)}|$ とした。左辺は条件から0である。また簡単のために

*8 正確には根。

$$g'(x^{(0)}) = \frac{d}{dx}g(x)\Big|_{x=x^{(0)}} \tag{5.3.2}$$

と書くと

$$0 = g(x^{(0)}) + (a - x^{(0)})g'(x^{(0)}) + O(\Delta^2) \tag{5.3.3}$$

となる。ここから真の解 a は、

$$a = x^{(0)} - \frac{g(x^{(0)})}{g'(x^{(0)})} + O(\Delta^2) \tag{5.3.4}$$

$O(\Delta^2)$ を無視すると、近似解が与えられることになる。

$$a \approx x^{(0)} - \frac{g(x^{(0)})}{g'(x^{(0)})} \equiv x^{(1)} \tag{5.3.5}$$

この手続きを繰り返すと解が精度良く求まることが知られている。すなわち、

$$x^{(n+1)} = x^{(n)} - \frac{g(x^{(n)})}{g'(x^{(n)})} \tag{5.3.6}$$

を繰り返して（つまり反復して）方程式 $g(x) = 0$ を数値的に解く。これがニュートン法である。

今欲しいのは、x を動かしたときの $f(x)$ の最小値を求める手法なので、$g(x) = f'(x)$ とおいてニュートン法を適用すると、$f'(x) = 0$ を満たす点 x^* が求まる *9。ニュートン法をそのように読み替えると

$$x \leftarrow x - \frac{1}{f''(x)}f'(x) \tag{5.3.7}$$

となる。ここで左向きの矢印は、再代入する操作を表す。

ニューラルネットのように多くのパラメータを最適化しなければならないときには 2 階微分がヘッシアンに置き換えられる。ここでのヘッシアンは、

$$H_{IJ} = \frac{\partial}{\partial\theta_I}\frac{\partial}{\partial\theta_J}\mathbb{E}\left[L_\theta[\vec{X}, \vec{Y}]\right] \tag{5.3.8}$$

*9 このような点を臨界点と呼ぶ。

で定義される行列であった[*10]。ここで I, J は $W^{(l)} = [W_{ij}^{(l)}]$ や $\vec{b}^{(l)} = [b_i^{(l)}]$ としたときに l と i, j を合わせた番号である。つまりニューラルネットワークに入っている重み全てに対しての通し番号である。ニューラルネットワークに対するニュートン法は、

$$\theta_I \leftarrow \theta_I - \sum_J \left(H^{-1}\right)_{IJ} \frac{\partial}{\partial \theta_J} \mathbb{E}\left[L_\theta[\vec{X}, \vec{Y}]\right] \tag{5.3.9}$$

の反復になる。今の場合には調整するパラメータが x でなく θ であることに注意する。

計算可能か調べてみるためにパラメータの数を数えてみよう。たとえば10層で各レイヤーが100ユニットでできるニューラルネットを考える。I, J は l と i, j を合わせた番号だったので、I, J がどれくらいの範囲を動くかを考える。まず i, j はそれぞれ1から100まで動くので、レイヤーごとの重み1つ1つに番号をつけるなら、1から10000までの番号がつくことになる。さらに1つのレイヤーごとに重み W が1ついており、それが10個あるので、すなわち I, J は1から $100000 = 10^5$ までそれぞれ動くことになる。原理的には、このニューラルネットワークに対応する誤差関数に対して θ の2階微分（ヘッシアン）を計算し、さらに逆行列を計算してニュートン法で最適なパラメータを探せばよいことになる。ここでパラメータの数を考えてみると、添字の動く範囲は $I, J = 1, \cdots, 10^5$ となる。つまり、ヘッシアンの要素数は $10^5 \times 10^5 = 10^{10}$ となる。繰り返して最適化する際に、この要素1つ1つを計算しなければならない。さらに悪いことに一般に行列サイズを N としたとき[*11]に、逆行列を求める数値計算は一般に $O(N^3)$ に対応する時間がかかる。これでは何回もデータを入力してトレーニングするのに時間がかかりすぎてしまう[*12]。

ここでは諦めて近似を使って極値を探すことにする。もう一度

*10 このヘッシアン自体も大きな研究対象になっており、近年話題のニューラルタンジェントカーネル（neural tangent kernel）とも関連している[43]。

*11 計算量のオーダーについては、第2章のコラム参照。

*12 実は逆行列演算に対応するものは量子コンピュータで指数関数的に高速化できることが知られている[21]。古典データの入出力の遅さなどの困難が解消でき、またキュービットのエラー補正ができるようになれば有用かもしれない。

$$\theta_I \leftarrow \theta_I - \sum_J \left(H^{-1}\right)_{IJ} \frac{\partial}{\partial \theta_J} \mathbb{E}\left[L_\theta[\vec{X}, \vec{Y}]\right]$$

を眺める。ここで大胆に $\left(H\right)^{-1}_{IJ}$ をパラメータに依存しない対角行列として近似できれば大変な計算を避けることができる。すなわち、

$$\left(H\right)^{-1}_{IJ} \approx \epsilon \delta_{IJ} \tag{5.3.10}$$

と近似して、以下の繰り返しで最適値を探すことにする。ここで δ_{IJ} はクロネッカーのデルタで $I = J$ のときのみ 1、その他では 0 になる関数である。ここで ϵ は正の小さな定数で**学習率**（learning rate）と呼ばれる。このような学習で調整されない定数をハイパーパラメータと呼ぶ。このときにはパラメータの更新式、学習の式は簡単になって

$$\theta_I \leftarrow \theta_I - \sum_J \epsilon \delta_{IJ} \frac{\partial}{\partial \theta_J} \mathbb{E}\left[L_\theta[\vec{X}, \vec{Y}]\right] \tag{5.3.11}$$

となる。クロネッカーのデルタの性質を使うと、J の和がとれて

$$\theta_I \leftarrow \theta_I - \epsilon \frac{\partial}{\partial \theta_I} \mathbb{E}\left[L_\theta[\vec{X}, \vec{Y}]\right] \tag{5.3.12}$$

と書ける。これは具体的に

$$w^{(l)}_{ij} \leftarrow w^{(l)}_{ij} - \epsilon \frac{\partial}{\partial w^{(l)}_{ij}} \mathbb{E}\left[L_\theta[\vec{X}, \vec{Y}]\right] \tag{5.3.13}$$

$$b^{(l)}_{i} \leftarrow b^{(l)}_{i} - \epsilon \frac{\partial}{\partial b^{(l)}_{i}} \mathbb{E}\left[L_\theta[\vec{X}, \vec{Y}]\right] \tag{5.3.14}$$

となる。この 2 式がニューラルネットの学習の式となる。この手法を勾配法と呼ぶ。更新式 (5.3.13) と (5.3.14) には期待値が含まれており実際には計算ができない。そこで、下記のように期待値のサンプリング近似を用いて計算を行う。

$\mathbb{E}\left[L\right]_\theta$ は実際には計算できないのでサンプリングに置き換える。たとえば手元にあるデータで代表させることを考えよう。データからランダムにデータを 1 つ選んで、k はデータ番号とし、

$$w^{(l)}_{ij} \leftarrow w^{(l)}_{ij} - \epsilon \frac{\partial}{\partial w^{(l)}_{ij}} L_\theta(x_k, y_k) \tag{5.3.15}$$

$$b_i^{(l)} \leftarrow b_i^{(l)} - \epsilon \frac{\partial}{\partial b_i^{(l)}} L_\theta(x_k, y_k) \tag{5.3.16}$$

としてパラメータである $w_{ij}^{(l)}$ や $b_i^{(l)}$ を学習（更新）することができるだろう。このようにランダムに1つずつサンプリングしたデータを用いる学習を**オンライン学習**という。期待値ではなく、サンプリングを用いた近似的な**勾配法**であるため**確率的勾配降下法**（SGD、Stochastic Gradient Descent）と呼ぶ[*13]。この手法は甘利俊一によって今から50年以上前である1967年に発表された。

また**ミニバッチ学習**では、バッチ番号を k として

$$w_{ij}^{(l)} \leftarrow w_{ij}^{(l)} - \epsilon \frac{\partial}{\partial w_{ij}^{(l)}} \overline{L}_\theta^{(k)} \tag{5.3.17}$$

$$b_i^{(l)} \leftarrow b_i^{(l)} - \epsilon \frac{\partial}{\partial b_i^{(l)}} \overline{L}_\theta^{(k)} \tag{5.3.18}$$

ただし、$\overline{L}_\theta^{(k)}$ はミニバッチ内での誤差関数の和を表す。さらにミニバッチサイズをデータ全体にしたものを**バッチ学習**という。手持ちの全データを使っても、厳密な期待値には一致しないので常にサンプルによる近似をしていることに注意しよう[*14]。

ここで ϵ などの**ハイパーパラメータ**について注意がある。ハイパーパラメータは学習で機械的に決めることのできない言わば外側のパラメータである。たとえば層の数や層の中のユニット数、学習率などである。そのようなハイパーパラメータは基本的に問題に依存している。経験に基づいてあたりをつけることもできるが、ベイズ最適化から決めることもできる。

誤差関数は、問題によって使い分けるべきであるが先験的にはわからな

---

*13 ここも用語の混乱があるようである。実際、手持ちの全データを用いて誤差関数を評価したところで存在し得るデータの分布にはならないため、常に確率的にサンプルされていることになる。もちろん大量のデータがあればあるほど近づくのではあるが。

*14 もちろん未知データが存在しない場合には、厳密な期待値に一致する。たとえばMNISTデータセット（手書き数字のデータセット）しか想定しない場合、MNISTデータセットに含まれるデータを使えば厳密な期待値に一致する。しかしながら普通はそうではない。やりたいことを思い出してみると、MNISTデータセットに含まれていないという意味で未知の「手書き数字」に対して推定したいわけであった。したがって、MNISTデータセットだけで誤差関数が小さくなっても意味がないのである。

い。たとえば2値の分類を行うには、我々はロジスティック回帰を使えばよいことを知っている。そこではシグモイド関数を使って出力を確率にして交差エントロピーを使って最適化を行った。多値分類の場合にもロジスティック回帰の拡張が知られており、ニューラルネットの場合でも対応する誤差関数である**ソフトマックスクロスエントロピー**（softmax cross entropy）を使えばよいことが知られている。その枠組みを使うためには、最終層の出力用の活性化関数にソフトマックス関数を使う必要がある。

ソフトマックスクロスエントロピーは

$$L(\mathcal{D}_k) = \sum_{d}^{\mathcal{D}_k} \vec{y}_d^\top \log\left(\vec{f}_\theta(\vec{x}_d)\right) \tag{5.3.19}$$

で与えられる。ここで $\mathcal{D}_k$ は k 番目のミニバッチ内のデータの集合である。ソフトマックスクロスエントロピーはソフトマックス関数に対応させた交差エントロピーの拡張となっているので、気になる読者は2つを比較し、違いを見るとよい。

5.3.1 誤差逆伝播法

ここではニューラルネットの具体的な最適化方法である**誤差逆伝播法**（backpropagation*15、back prop）を学ぶ。誤差逆伝播法は確率的勾配降下法において必要になる微分項を計算する手法であるが、誤差逆伝播法は連鎖律を使うだけで導ける。[45] などでは、系統的に導出しているが、下記では教育的な意味を込めて泥臭い計算をもって見ていく。

具体例としてバイアスなし *16 で活性化関数が同じである4層のニューラルネットを用いて誤差逆伝播法を導いてみよう。そのニューラルネットは

$$\vec{f}(\vec{x}) = \sigma(W^{(3)}\vec{z}^{(2)}) \tag{5.3.20}$$

$$\vec{z}^{(2)} = \sigma(W^{(2)}\vec{z}^{(1)}) \tag{5.3.21}$$

*15 backwards propagation of errors の略で David Rumelhart, Geoffrey Hinton, Ronald Williams らによって 1986 年に命名された[44]。

*16 前にもコメントしたとおり、アフィン変換は1つ次元の高い線形変換に埋め込むことができるのでそうだと思ってもよい。

$$\vec{z}^{(1)} = \sigma(W^{(1)}\vec{x}) \tag{5.3.22}$$

と与えられる。ここで活性関数 $\sigma(x)$ は微分が存在するとして $\sigma'(x)$ とおいておく [*17]。また最適化したい誤差関数を L_α とおこう。α はデータの分割や番号を表すラベルでミニバッチ学習の場合にはミニバッチの番号であり、オンライン学習の場合にはデータの番号である。この記法で誤差関数をデータの関数として書くときには $L_\alpha = L(\vec{x}_\alpha)$ と書くことにする。また以下では簡単のために $\vec{f}_\theta$ を $\vec{f}$ と書くことにする。

前述のとおり、最適化（学習）は微分を用いた**勾配法**

$$w_{ij}^{(l)} \leftarrow w_{ij}^{(l)} - \epsilon \frac{\partial L_\alpha}{\partial w_{ij}^{(l)}} \tag{5.3.23}$$

で行う。i, j は本来 $i^{(l)}, j^{(l)}$ と書くべきであるが煩雑になるので省略している。ここで

$$\frac{\partial L_\alpha}{\partial w_{ij}^{(l)}} \tag{5.3.24}$$

が各 $l = 1, 2, 3$、さらに全ての i, j に対して必要である。要素表示して連鎖律で計算することで仕組みを観察する。

データのラベルを省略して、今考えているニューラルネットをベクトルではなく要素で書くと、

$$f_d = \sigma(\sum_c w_{dc}^{(3)} z_c^{(2)}) \tag{5.3.25}$$

$$z_c^{(2)} = \sigma(\sum_b w_{cb}^{(2)} z_b^{(1)}) \tag{5.3.26}$$

$$z_b^{(1)} = \sigma(\sum_a w_{ba}^{(1)} x_a) \tag{5.3.27}$$

となる。引数は書かないが f_d は $w^{(3)}$ の関数、$z^{(2)}$ は $w^{(2)}$ の関数、$z^{(1)}$ は $w^{(1)}$ の関数であることを覚えておく。また x_a は $\vec{x}_\alpha$ の a 成分である。

誤差関数の重み $w_{ij}^{(l)}$ に関する微分は連鎖律から

*17 ReLU 等の場合は、原点での微分値を定義しておく必要がある。関連する話題として、微分ができない関数に対する劣微分というものもあるがここでは触れない。

$$\frac{\partial L_\alpha}{\partial w_{ij}^{(l)}} = \sum_d \frac{\partial L}{\partial f_d} \frac{\partial f_d}{\partial w_{ij}^{(l)}} \tag{5.3.28}$$

と与えられる。右辺において添字 α は関数 f_d の省略されている引数 $\vec{x}_\alpha$ がもっている。まず、

$$\frac{\partial L}{\partial f_d} \tag{5.3.29}$$

は誤差関数が出力の関数として与えられれば計算できる。たとえば 2 乗誤差なら教師ラベルを t_k とすると $f_d - t_k$ のような格好の項が出てくる。

まず $W^{(l=3)}$ に対しての微分を計算してみよう。

$$\frac{\partial L_\alpha}{\partial w_{ij}^{(3)}} = \sum_d \frac{\partial L}{\partial f_d} \frac{\partial f_d}{\partial w_{ij}^{(3)}} \tag{5.3.30}$$

$$= \sum_d \frac{\partial L}{\partial f_d} \sigma'(\sum_k w_{dk}^{(3)} z_k^{(2)}) \frac{\partial}{\partial w_{ij}^{(3)}} (\sum_c w_{dc}^{(3)} z_c^{(2)}) \tag{5.3.31}$$

$$= \sum_d \frac{\partial L}{\partial f_d} \sigma'(\sum_k w_{dk}^{(3)} z_k^{(2)}) (\sum_c \delta_{id}\delta_{jc} z_c^{(2)}) \tag{5.3.32}$$

$$= \sum_d \frac{\partial L}{\partial f_d} \sigma'(\sum_k w_{dk}^{(3)} z_k^{(2)}) \delta_{id} z_j^{(2)} \tag{5.3.33}$$

$$= \frac{\partial L}{\partial f_i} \sigma'(\sum_k w_{ik}^{(3)} z_k^{(2)}) z_j^{(2)} \tag{5.3.34}$$

ここで

$$\frac{\partial w_{dc}^{(3)}}{\partial w_{ij}^{(3)}} = \delta_{di}\delta_{cj} \tag{5.3.35}$$

を使った。また $z_j^{(2)} = \sigma\left(\sum_b w_{jb}^{(2)} \sigma(\sum_a w_{ba}^{(1)} x_a)\right)$ と入力から伝播してきた値が入る。そのためこの微分計算は、入力から出力に向かう順伝播方向の値を計算し、記録しておく必要がある。

次に $W^{(l=2)}$ の場合には、

$$\frac{\partial L_\alpha}{\partial w_{ij}^{(2)}} = \sum_d \frac{\partial L}{\partial f_d} \frac{\partial f_d}{\partial w_{ij}^{(2)}} \tag{5.3.36}$$

$$= \sum_d \frac{\partial L}{\partial f_d} \sum_c \frac{\partial f_d}{\partial z_c^{(2)}} \frac{\partial z_c^{(2)}}{\partial w_{ij}^{(2)}} \tag{5.3.37}$$

$$= \sum_d \frac{\partial L}{\partial f_d} \sum_c W_{dc}^{(3)} \sigma'(\sum_n w_{dn}^{(3)} z_n^{(2)}) \sigma'(\sum_k w_{ck}^{(2)} z_k^{(1)}) \sum_b \delta_{ci} \delta_{bj} z_b^{(1)} \tag{5.3.38}$$

$$= \sum_d \frac{\partial L}{\partial f_d} \sum_c W_{dc}^{(3)} \sigma'(\sum_n w_{dn}^{(3)} z_n^{(2)}) \sigma'(\sum_k w_{ik}^{(2)} z_k^{(1)}) z_j^{(1)} \tag{5.3.39}$$

となる。

最後に $W^{(l=1)}$ の場合にも同様に

$$\frac{\partial L_\alpha}{\partial w_{ij}^{(2)}} = \sum_d \frac{\partial L}{\partial f_d} \sum_c \frac{\partial f_d}{\partial z_c^{(2)}} \sum_b \frac{\partial z_c^{(2)}}{\partial z_b^{(1)}} \frac{\partial z_b^{(1)}}{\partial w_{ij}^{(2)}} \tag{5.3.40}$$

$$= \sum_d \frac{\partial L}{\partial f_d} \sum_c W_{dc}^{(3)} \sigma'(\sum_k w_{dk}^{(3)} z_k^{(2)}) \sum_b W_{bc}^{(2)} \sigma'(\sum_n w_{cn}^{(2)} z_n^{(1)}) \sigma'(\sum_m w_{bm}^{(1)} x_m) \sum_a \delta_{ib} \delta_{ja} x_a \tag{5.3.41}$$

$$= \sum_d \frac{\partial L}{\partial f_d} \sum_c W_{dc}^{(3)} \sigma'(\sum_k w_{dk}^{(3)} z_k^{(2)}) \sum_b W_{cb}^{(2)} \sigma'(\sum_n w_{cn}^{(2)} z_n^{(1)}) \sigma'(\sum_m w_{im}^{(1)} x_m \tag{5.3.42}$$

を得る。

計算してわかる通り、ほとんど似た項が出てきていることに気づいただろう。実際に今まで計算した微分から最後の因子を除いたものとして、それぞれ以下のように書くことができる。まず、単に最後の因子を除いた部分を

$$\delta_i^{(1)} \equiv \sum_c \sum_d \frac{\partial L}{\partial f_d} W_{dc}^{(3)} \sigma'(\sum_k w_{dk}^{(3)} z_k^{(2)}) \sum_b W_{cb}^{(2)} \sigma'(\sum_n w_{cn}^{(2)} z_n^{(1)}) \sigma'(\sum_m w_{im}^{(1)} x_m) \tag{5.3.43}$$

$$\delta_i^{(2)} \equiv \sum_d \frac{\partial L}{\partial f_d} W_{dc}^{(3)} \sigma'(\sum_k w_{dk}^{(3)} z_k^{(2)}) \sum_b W_{cb}^{(2)} \sigma'(\sum_n w_{in}^{(2)} z_n^{(1)}) \tag{5.3.44}$$

$$\delta_i^{(3)} \equiv \frac{\partial L}{\partial f_i} \sigma'(\sum_k w_{ik}^{(3)} z_k^{(2)}) \tag{5.3.45}$$

とおく。すると再帰的な構造がわかり、

$$\delta_i^{(2)} = \sum_d \delta_d^{(3)} \sigma'(\sum_k w_{ik}^{(2)} z_k^{(1)}) \tag{5.3.46}$$

$$\delta_i^{(1)} = \sum_c \delta_c^{(2)} \sigma'(\sum_m w_{im}^{(1)} x_m) \tag{5.3.47}$$

となる。これは一番出力に近い重み $W^{(3)}$ の寄与 $\delta^{(3)}$ から逆順に誤差が計算できることを示している。

計算したいものは、

$$\frac{\partial L_\alpha}{\partial w_{ij}^{(l)}} = \sum_d \frac{\partial L}{\partial f_d} \frac{\partial f_d}{\partial w_{ij}^{(l)}}$$

だったので、この形式でまとめると、

$$\frac{\partial L_\alpha}{\partial w_{ij}^{(3)}} = \delta_i^{(3)} z_j^{(2)} \tag{5.3.48}$$

$$\frac{\partial L_\alpha}{\partial w_{ij}^{(2)}} = \delta_i^{(2)} z_j^{(1)} \tag{5.3.49}$$

$$\frac{\partial L_\alpha}{\partial w_{ij}^{(1)}} = \delta_i^{(1)} z_j^{(0)} \tag{5.3.50}$$

ただし $z_j^{(0)} = x_j$ である。一般の場合でも、$W^{(l)}$ の更新部分は

$$\frac{\partial L_\alpha}{\partial w_{ij}^{(l)}} = \delta_i^{(l)} z_j^{(l-1)} \tag{5.3.51}$$

と与えられることがわかる。これらの法則を**デルタルール**と呼ぶ。また、更新する不整合具合が最終層から逆順に入力層に向かうために、この更新の仕方を**誤差逆伝播法**と呼ぶ。

Column

次元の呪い

これまでの章で見てきたとおり、ニューラルネットは一般に高次元ベクトルを別のベクトルに変換する関数である。実は高次元では低次元の直観と外れる現象が多く知られており、それは**次元の呪い**と呼ばれている。ここでは一例を取り上げて見てみよう[46]。まず半径 r の円の面積を考えると、

$$V_2(r) = \pi r^2 \tag{5.4.1}$$

である。ϵ を正だが小さな実数としたときに半径 $r=1$ と $r=1-\epsilon$ の間にどれくらいの面積が占めているかは

$$R_2(\epsilon) = \frac{V_2(1) - V_2(1-\epsilon)}{V_2(1)} = \frac{\pi - \pi(1-\epsilon)^2}{\pi} = 1 - (1-\epsilon)^2 \tag{5.4.2}$$

となる。たとえば $\epsilon = 0.1$ のときには、 $R_2 \approx 0.19$ となり 20%程度となる。次に球の体積を考えよう。それは

$$V_3(r) = \frac{4}{3}\pi r^3 \tag{5.4.3}$$

である。半径 $r=1$ と $r=1-\epsilon$ の間に挟まれた、厚みのある球殻の部分をどれくらいの体積が占めているかは

$$R_3(\epsilon) = \frac{V_3(1) - V_3(1-\epsilon)}{V_3(1)} = 1 - (1-\epsilon)^3 \tag{5.4.4}$$

となる。たとえば $\epsilon = 0.1$ のときには、 $R_3 \approx 0.271$ となり 30%程度となる。一般の d 次元でも対応する球の体積は

$$V_d(r) = S_d r^d \tag{5.4.5}$$

と書けることが知られている。ここで S_d は d に依存する定数であるが具体的な形は必要ない（付録 A.3 参照）。たとえば $d=3$ の場合には

$S_{d=3} = \frac{4}{3}\pi$ である。半径 $r = 1$ と $r = 1 - \epsilon$ の間の球殻の部分をどれくらいの体積が占めているかは

$$R_d(\epsilon) = \frac{V_d(1) - V_d(1-\epsilon)}{V_d(1)} = 1 - (1-\epsilon)^d \tag{5.4.6}$$

となる。この公式で $d = 10$ をとると $R_{10}(0.1) \approx 0.65$ と65%となる。この公式で $d = 100$ をとるとほとんど100%となる（**図 5.6**）。つまり、100次元の球では体積のほとんどが外側から10%の所に集中していることになる。

データの分布だと思うと、高次元のデータでは内側がスカスカになってしまうために、データ量を得るには低次元よりもより多くデータが必要ということになる。

このように高次元では低次元と直観的に異なる現象があるため、気をつけて考察を進める必要がある。このような現象を一般に次元の呪いと呼ぶ。また実用上も次元 d に依存しない、もしくは、依存度が低いアルゴリズムがあればそれを使うべきである。

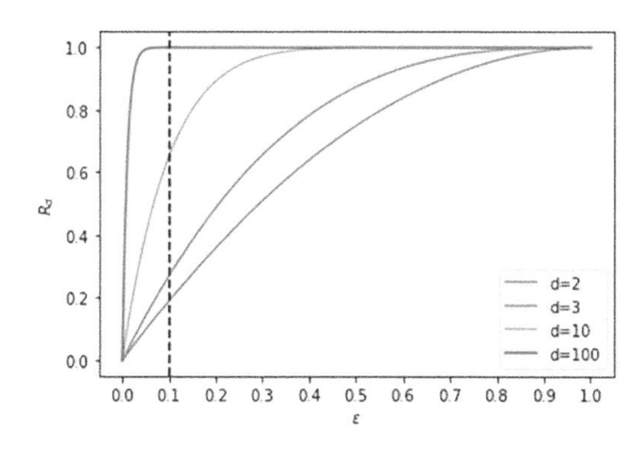

図 5.6　d 次元の球の表面から長さ ϵ の球殻の部分に含まれている体積の割合。点線が球殻の厚さ $\epsilon = 0.1$ である。

Python入門

この章では、機械学習で主に使われる言語であるPythonについて学ぶ。もしPythonのコーディングに習熟している読者や、ひとまず理論的なことに興味のある読者は本章を飛ばし、辞書的に戻ってきてもよい。

プログラミングは強力な道具であり、プログラマーになろうと思わずとも身につけておくと役に立つ*1。ファインマンも解析積分できなくても数値積分できると言ったように[48]、数値計算のスキルは重要である。身につけていない読者は、Pythonに限らずとも何かプログラム言語を身につけておくとよい。

Pythonは、1991年にグイド・ヴァンロッサム（Guido van Rossum）が発表した言語でRubyやPerlなどと同様のスクリプト言語*2である。名前はニシキヘビの英名だが、実際は蛇自体が由来ではなく、イギリスのコメディ番組『空飛ぶモンティ・パイソン』から名付けられたようだ。一方でPythonのアイコンにニシキヘビをあしらったものが使用されているなど、ハッカーの間ではジョーク的にニシキヘビが使われているようである。

2010年代以前はPythonはあまり日本国内で使われていなかったようだ

*1 『ハッカーになろう』（*How To Become A Hacker*）[47] などを読んで良い意味でのハッカーになる心構えを身につけておくとよい。

*2 現代的には、これらのスクリプト言語も（ある種の）コンパイルが行われているため、いわゆるコンパイル言語などとの境界は曖昧になりつつある。

が2020年の春から情報処理推進機構（IPA）による基本情報技術者試験にPythonが加わるなど、注目を集めている言語でもある。また自然科学においても、SciPy（サイパイ）などのライブラリの名前を見てもわかるとおり、現在では多く使われている言語である。以下では、Pythonの使い方を説明していく。

6.1 Pythonによるプログラミング入門

Pythonは様々な環境で使うことができる。ざっと挙げてみても、

1. ブラウザ上でGoogleのColaboratory（以下Google Colab、グーグル・コラボと読む）を使う
2. コンソールからJupyter notebookを起動する
3. コンソールからpythonを起動する（対話型環境）
4. コンソールからipythonを起動する（対話型環境、高機能）
5. VS code上でノートブックを使う

などがある（MacやLinuxの場合はコンソールをターミナルに読み替えていただきたい）。主にパソコンにあまり馴染みがない読者でも使えるGoogle Colabを使うことを説明するが、まずはGoogle Colabの元となったJupyter notebookの説明を行う。その他の方法に関しては教科書等の書籍も多数あるので適宜調べてほしい[49]。

Jupyter notebookとは元々ipython notebookと呼ばれたもので*3 セルという枠にコードを書いていき、セルごとに実行していく形式のブラウザの上で動作するアプリケーションである。Jupyter*4 という名称はプログラミング言語の名前であるJulia、Python、Rに由来すると言われている。名前のとおり、これらの言語をJupyterという同じ仕組みで動かすことができる。一方でJupyter notebookを使うためにはインストール等の手間

*3 発起人の1人であるFernando Perezは、素粒子物理学、特に格子QCDの研究によって博士号（指導教官は、Anna Hasenfratz教授）を取得した。

*4 読み方であるが筆者がYouTubeなどで調べた限り「ジュピター」と読むらしい。たとえばFernando Perezは「ジュピター」と発音している。一方で一部「ジュパイター」とも読まれるようである。

がある。そのため今回は簡単のために Google Colab を使うことにする。

Google Colab を使ってみる

Google Colab とは教育や研究機関への機械学習の普及を目的とした Google の研究プロジェクトの 1 つである。GPU（Graphics Processing Unit）などの計算支援用のチップなども制限はあるが無料で使うことができる。多少の違いはあるものの、Python に関しては Jupyter notebook とほぼ同等のことができる。

Google アカウントを取得してあることは前提として説明する。まず、

```
https://colab.research.google.com/notebooks/intro.ipynb
```

にアクセスする [*5]。すると右上にログインボタンがあるためログインを行う（**図 6.1**）。

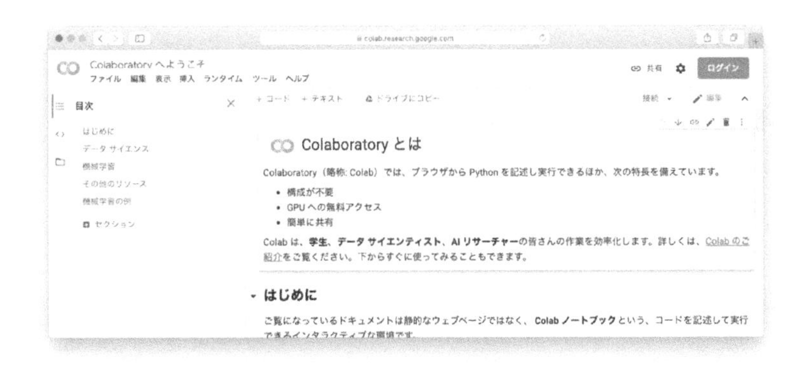

図 6.1 https://colab.research.google.com/notebooks/intro.ipynb を開いた直後の図。右上にログインボタンがある。画像は Mac の Safari というブラウザからアクセスしたものであるが、Windows など他 OS や他のブラウザでも同様である。

次にメニューバーのファイルをクリックし、「ノートブックを新規作成」を選択する（**図 6.2**）。これでノートブックを使用できる準備が整ったが、

*5 なお以下の検証は 2020 年 7 月末に行った。仕様などが変更されている可能性があるため最新の情報は Web で調べる必要がある。

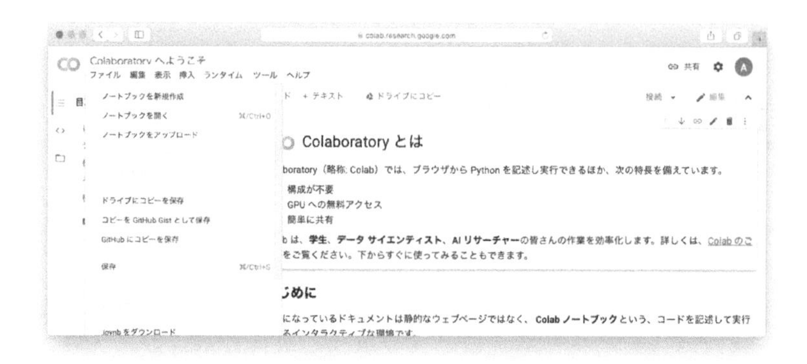

図 6.2 ログインを行った後の画面。右上の表記が変わっている。

まずは名称の整理をしておく（**図 6.3**）。

①はコードセルと呼ばれるセルで、Python のプログラム（コード）を入力する欄である。ここにプログラムを書き、シフトキーとエンターキーを押すか入力したコードセルの左にある再生ボタン（図では実行済みのために [1] と書いてある箇所、下のセルの左にあるのと同じもの）を押すとプログラムが実行される。

②は 1 つ上の入力セルを実行した結果が表示される領域である。グラフを作成した場合にもこの領域に表示される。

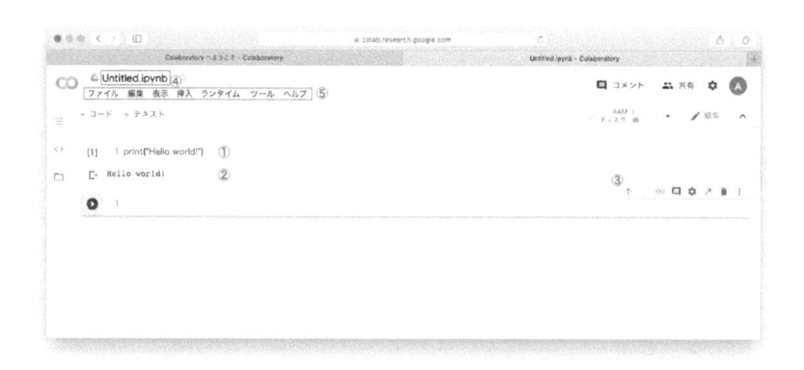

図 6.3 コードの実行を行った図。

③はセルの操作を行うバーであり、選択したセルの順序を入れ替えたり、削除したりできる。

④は現在開いているノートブック（ファイル）の名前で、クリックすると名前を変えることができる。

⑤はメニューバーで、「ファイル」から新しいノートブックを作ったり、「編集」から元に戻すや検索が行える。また「ランタイム」からセルを全て実行したりランタイムの再起動も行える。特にノートブックを使っていると変数の値がわからなくなりがちであるので、その際にはランタイムの再起動が便利である。またメニューバーの下にある「+コード」をクリックするとコードセルを追加でき、また「+テキスト」をクリックするとコメント欄（セル）を追加できる。「+テキスト」で追加したセルではプログラムが実行できないので注意が必要である。

6.1.1 プログラミングの構造

プログラムは基本的に以下の 3 つの構造からできている。

1. 順次
2. 反復
3. 選択

以下では 1 つずつ見ていこう。

順次（sequence）

順々に処理するという構造である。

ソースコード 6.1

```
1 print("Hello python1")
2 print("Hello python2")
3 print("Hello python3")
```

print("...") は、画面に... を表示する命令[*6] であり、このように命令を並べると上から順に実行され、順に表示される[*7]。

反復（repetition）

上の例では繰り返したいときに何度も書かなければならず不便である。そこで使われるのは反復という構造である。Python では for 文として実装されており、詳細は後で触れるが以下のように書く。

ソースコード 6.2

```
1 for ii in range(3):
2     print(f"Hello python{ii+1}")
```

このように書くと、順次の項目で説明したプログラムと同じ結果が得られる。この例では繰り返しを数える変数を ii と2文字でおいたが、このように書くとデバッグ（プログラムの間違いを取り除くこと）を行う際に検索するのが簡単になり、便利である。また上の例で使った「f"..."」に関しては後の「フォーマット文字列」の項目で説明する。

選択（selection）

条件式の結果に従って分岐する構造である。

ソースコード 6.3

```
1 x = 2
2 if x == 1:
3     print("x is 1")
4 else:
5     print(f"x is not 1 but {x}")
```

などである。ここで数学記号と違う条件式があることに注意する。たとえば数学で等しいことは等号 = で表すが、Python において比べるときには

*6 正確には関数であるが命令と呼ぼう。

*7 Python の print はデフォルトで最後に改行が入る。もし改行したくないときには、print("Hello python1",end="") などとすればよい。

"==" を使う。

さらにもう1つ基本構造としてサブルーチン（subroutine）というものもある。これはPythonだと関数という形で実現できる。

ソースコード 6.4

```
1 print("1")
2 def function():
3     print("2")
4 print("3")
5 function()
```

実行してみると1,3,2の順に表示される。特定のまとまった機能をサブルーチンにまとめておくと見やすくなる。これについては後述する。

また、プログラム内にコメントを書き込むには#を使う。#を書けば、その行の以後の文字は実行時に無視される。

ソースコード 6.5

```
1 print("1")
2 # この行は実行されない
3 # print("3")
4 # この行も上の行も実行されない
```

機能ごとにコメントを書き込んでおくと後で見返したときに便利である。

6.2 Pythonと他言語の比較

ブロック構造はインデントで

次の項目で実例を見るように、Pythonはインデントを用いてブロック構造を表現する。Python 3ではインデントにタブとスペースを混ぜることを禁止しているので、他人からコードの一部を受け取って使う際には注意が必要となる。

for文

Pythonでのfor文は、他の言語のforeachに対応する。たとえばC言

語での繰り返しは、

ソースコード 6.6　C 言語の for

```
1 for(int ii=0; ii<5; ii+=1){
2     printf("%d clang\n",ii);
3     }
```

と書ける。一方で Python では、

ソースコード 6.7

```
1 for ii in range(5):
2     print(ii, "python")
```

と書ける。ここで range(N) は、0 から N 未満の数の配列変数 [*8] を返す。つまり

ソースコード 6.8

```
1 for ii in [0, 1, 2, 3, 4]:
2     print(ii, "python")
```

とも書ける。この [$\cdots$] はすぐ後に説明するリストという配列変数に対応するものである。

ちなみに繰り返しを数える変数が 2 ずつ進む for 文は次のように書ける。

ソースコード 6.9

```
1 for ii in range(1,10,2):
2     print(i,"a")
```

これは、$\mathrm{ii} = 1$ からスタートして、2 個ずつ増え、$\mathrm{ii} = 9$ まで繰り返す。つまり range(初期値, 終了, 増分) である。

リスト

他言語での配列変数に対応するもので四角括弧で囲んで定義する。

*8　正確には range 型の変更不能なオブジェクトで、リストやタプルと同じ形のオブジェクトである。

ソースコード 6.10

```
1 a = [1, 2, 3, 4]
```

要素の指定はリスト名の後に四角括弧をつけ、中に対応する番号を入れることで行える。番号は0番から始まることに注意しよう。

ソースコード 6.11

```
1 print(a[2])
2 # 3と表示される
```

リストは「append」という機能（メソッド）を使うと要素を追加することができる。具体的には

ソースコード 6.12

```
1 my_list = []
2 print(my_list)
3 # 結果は []
4 my_list.append(1)
5 print(my_list)
6 # 結果は [1] で、要素が追加されている
7 my_list.append(10)
8 print(my_list)
9 # 結果は [1,10] で、さらに要素が追加されている
```

のようなものである。

append は、for 文と合わせると便利である。

ソースコード 6.13

```
1 ar = []
2 for ii in range(10):
3     ar.append(ii*2)
4 for ii in ar:
5     print(ii)
```

このようにするとリストにデータを機械的に追加できる。

また**タプル**というリストに似たものもあるが、こちらは作った後に改変はできない (immutable) ので、要素を改変しようとするとエラーが出る [*9]。こちらは丸括弧で囲んで定義する。

ソースコード 6.14

```
1 tup = (1,2,3)
2 print(tup[2])
3 tup[2] = 1 # ここでエラーが出る
```

多次元配列

他言語で言うところの多次元配列は、リストのリストで実現できる。具体例を見よう。以下では2次元の配列をリストのリストで実現している [*10]。

ソースコード 6.15

```
1 D2 = [
2         [1,2],
3         [3,4],
4         ]
5 print(D2[0])
6 # [1,2] と表示される
7 print(D2[1][0])
8 # 3 と表示される
```

辞書式配列 (dict 型)

配列の一種として辞書 (dict 型) という型がある。配列 (リスト) の場合には番号で要素を指定していたが、辞書の場合には文字列で要素を指定できる。例を見てみよう。

---

*9 このあたりは、正確には少し説明が必要な事情がある。気になる読者は「python 変更不可能体 定数 違い」あたりで検索するとよい。

*10 C 言語や Fortran に習熟している読者がもつ自然な疑問として、多次元配列が行優先か列優先かというものがある。解答としては、Python の場合には真の多次元配列ではなくリストのリストであるため行優先でも列優先でもない、ということになる。

ソースコード 6.16

```
1 exam = {"Math":80, "English":70}
2 print(exam["Math"])
```

examがdict型の配列変数であり、2つの要素をもつ。今回は数学と英語のテストの点数を要素として入れた。exam["Math"] のように四角括弧の内側に文字列を入れると、対応する要素がある場合にはその要素が取り出され、今の場合だと80という数を取り出すことができる。

さらに多次元配列（多次元リスト）と同じように辞書の中にリストを埋め込むこともできる*11。

ソースコード 6.17

```
1 ev = [0,2,4,6]
2 od = [1,3,5,7]
3 num = {"even":ev, "odd":od}
4 print(num["even"])
5 # [0, 2, 4, 6]
6 print(num["even"][1])
7 # 2
```

ここではnumというdict型の変数（オブジェクト）はevとodというリストを要素としてもつ。これらは先ほどの例と同じように文字列を指定することで呼び出すことができる。さらに内部のリストも要素番号を指定することで要素を呼び出すことができる。

if 文

上でも述べたとおり、if 文を使うとプログラムの実行順序を変えることができる。for 文と同様にインデントを使ったブロックで書かれる。例としてif 文は下記のように書かれる。

*11 このようにリスト、タプル、dict型は似た機能をもち、ここでは触れていないset型と合わせてコレクションと呼ばれる。

ソースコード 6.18

```
1 if 条件1:
2     条件1 が真のときの実行文
3 elif 条件2:
4     条件1 が偽で条件2 が真のときの実行文
5 else:
6     条件1 が偽でかつ条件2 が偽のときの実行文
```

条件は典型的に変数を用いた条件、たとえば $x > 0$ などであり、これを満たすときに各ブロック内が実行される。また何もしないという実行文は、ブロック内に "pass" と書けばよいので、とりあえず構造だけ書いておきたいときなどに便利である。

また下のように elif や else も省略してもよい。

ソースコード 6.19

```
1 if 条件1:
2     条件1 が真のときの実行文
3 実行文
```

整数の割り算

普通の割り算は / で行うことができるが、たとえば10を2で割りたいときに 10/2 としても答えは5.0となり、"実数型" で答えが返ってくる。答えが整数になる割り算は、// で行うことができる。

ソースコード 6.20

```
1 a = 10
2 b = a//2
3 print(b)
```

このようにすると b は小数点以下は切り捨てられて整数型（5.0でなく5）になる。

関数の定義

プログラミングにおける関数は、数学の関数と異なり、特定の機能をまとめておいておくことができるものである。以下で例を見ていこう。

ソースコード 6.21

```
1 def my_func1():
2     print("hoge")
3 my_func1()
```

この関数は、文字列「hoge」を出力するだけの関数である。実行時には、最初のブロックは飛ばされて 3 行目から実行され、1 行目に処理が飛び、2 行目が実行される。同等だが下記のようにも書ける。

ソースコード 6.22

```
1 def my_func2():
2     print("hoge")
3     return
```

ブロック終了時には呼び出し元に制御が戻るので今の場合には return はあってもなくてもよい。つまり my_func1 と my_func2 は、同じ機能をもつことになる。

次の my_func 3 はタプルを返す関数で my_func 4 はリストと変数のタプルを返す関数である。

ソースコード 6.23

```
1 def my_func3():
2     a = 1
3     b = 2
4     return a, b
5
6 def my_func4():
7     a = [1,2,3]
8     b = 2
9     return a, b
```

6

このように関数は、いろいろなオブジェクトを返すことができる。たとえば my_func 4 を呼び出して、返り値を受け取るには

ソースコード 6.24

```
1 a, b =  my_func4()
```

とすれば、a にリスト [1,2,3] と b に 2 が代入される。

次に引数がある関数を見ていこう。

ソースコード 6.25

```
1 def my_func5(x):
2     print(x)
```

これは、第 1 引数を表示する関数である。

また Python の関数は変数にデフォルトの値を置くことができる。

ソースコード 6.26

```
1 def my_func6(x, y=10):
2     print(x,y)
3
4 my_func6(1)
5 my_func6(2, 20)
```

この関数は第 1 引数は必須ではあるが第 2 引数は入力しなくても 10 が代入される。

フォーマット文字列

Python 3.6 以降ではフォーマット済み文字列リテラル（**フォーマット文字列**）が使用可能である。文字列を指定するダブルクォーテーションの前に f という文字を置いて、変数をおきたいところに中括弧で囲んで変数を書く。たとえば

ソースコード 6.27

```
1 idx=10
2 print(f"変数={idx}")
```

とすると実行時には「変数=10」と表示される。もちろん名前のとおり書式の指定も可能で、たとえば

ソースコード 6.28

```
1 i = 1234
2 print(f"ゼロ埋め {i:08}")
```

とすれば8桁にするために足りない部分は0で埋めて、「ゼロ埋め 00001234」と表示される。他にも様々な書式指定ができる。

Python3.5 以前でも似たようなことは、

ソースコード 6.29 Python 3.5 以前

```
1 print("result = {0}".format(c) )
```

で可能である。しかしフォーマット文字列では中括弧内が式として処理されるために、足し算や関数呼び出しなどが行えるので便利である。

ここまでで基本的な Python の使い方は押さえられたが、さらにいろいろなことを行うために、ライブラリやクラスの使い方を以下では見ていく。

ライブラリを使う

ここでは NumPy（ナンパイと読む）というライブラリ [*12] を例に挙げてライブラリの使い方を説明しよう。ライブラリとは特定のよく使う機能を集めたものと理解しておけばよい。NumPy は Python で数値計算を行うときに、特にベクトルなどを使うときに使うライブラリである。ライブラリをプログラムで読み込む際には、

ソースコード 6.30

```
1 import numpy as np
```

というように import ... などの文を用いる。as np は省略名として np を用いることを示す。ここで省略名はよく使われるものがあるので自分で

*12 大抵の場合は正式にはモジュールと呼ばれるものであるが、この本ではライブラリと呼ぶことにする。

勝手に名付けると混乱の元となる。このようにライブラリを読み込んでおくと、

ソースコード 6.31

```
1 a = np.zeros(10)
```

といった感じでライブラリで定義されている関数を使うことができる。ちなみにこの文は 10 個の要素をもつ、0 で埋められた配列（正確には ndarray と呼ばれる NumPy 仕様の配列）を生成し、変数 a に代入している [*13]。

ライブラリにあるたくさんの機能のうち 1 つのみも呼べる。たとえば math ライブラリの中に定義されている定数である円周率 `pi` を読み込むには

ソースコード 6.32

```
1 from math import pi
```

とすればよい。するとこの文が実行された後には、円周率として `pi` という変数には円周率が代入されている [*14]。

その他に押さえておくこととして実数型は、倍精度が標準であることである [*15]。なので Fortran に慣れた読者は注意されたい。また Python は他言語に比べてループが遅いことも知られている。それを解消するために普通は NumPy を使う。ただし要素ごとのアクセスはリストの方が速いので場合によって使い分ける方がいいこともある。

6.3 NumPy と Matplotlib

この節では、よく使うライブラリである NumPy と Matplotlib を取り上げ

*13 細かいことを言うとここで新たにオブジェクトが生成されているが初学者は気にしなくてよい。

*14 この本では 以下を使わない: “`from モジュール import *`”。この書き方は見た目がシンプルになるが、異なるライブラリでも同じ名前の関数があるのでどのライブラリが呼び出されているかが見えにくくなるため推奨しない。

*15 良い書き方の作法は、「PEP: 8」に載っているため参照のこと。本書は紙面の都合もあり、完全準拠はしていない。なお、コードエディタによってはコードを PEP: 8 の仕様に合うように変更する機能がある。PEP: 8 は、ある種の古典であり、必ずしもすべて準拠すべきだとは思わない。

る。NumPy は、基礎的なベクトル演算を行うライブラリであり、Matplotlib は作図を行うライブラリであるのでそれぞれ見ていこう。

6.3.1 NumPy

前述のとおり、Python はループが遅いことで知られている。そのため Python だけでベクトルと行列の演算を行うと遅くなってしまう。その解決策が NumPy である。NumPy はベクトルや行列の演算を高速に行うライブラリである。NumPy の内部では BLAS*16 という C 言語や Fortran で実装された関数が実際の計算を処理し、そのおかげで演算が高速になる。

NumPy の使い方

まず Python で NumPy を使うには

ソースコード 6.33　import

```
1 import numpy as np
```

として NumPy を呼び出しておく（ノートブックを開いた後、最初に一度だけでよい *17）。

ちなみに、どの BLAS が呼ばれているかは、

ソースコード 6.34

```
1 print( np.show_config() )
```

で確認可能である。

ndarray の作り方

ndarray は、NumPy における配列変数のことであり、これを用いて計算を行う。ndarray は `np.array()` の引数として、リスト型オブジェクトを入れると作成できる。

*16 BLAS とは Basic Linear Algebra Subprograms の略で、行列やベクトルの基本的な計算を行ってくれる関数群のこと。

*17 Jupyter のカーネルの再起動などを行った後には再度実行する必要がある。

6

ソースコード 6.35

```
1 numpy_arrray = np.array( [1,2,3] )
```

これで numpy_array には ndarray が入っていることになる。また np.ones や np.zeros を使うと、要素数を指定した ndarray が作れる。

ソースコード 6.36

```
1 numpy_zero_array = np.zeros( 3 )
2 numpy_one_array = np.ones( 5 )
```

numpy_zero_array は 0 の入った 3 つの要素をもつ ndarray であり、numpy_one_array は 1 の入った 5 つの要素をもつ ndarray である。その他、入力したリスト型と同じ形の ndarray を作る np.zeros_like() や np.ones_like() などもある[50]。

NumPy と Python loop の比較

NumPy と Python でのループを比較するために内積を考えてみよう。まず Python による内積は、

ソースコード 6.37 Python による内積

```
1 a = [1., 2., 3.]
2 b = [4., 5., 6.]
3 c = 0.0
4 for jj in range(3):
5     c+=a[jj]*b[jj]
6 print(f"result = {c}" )
```

と書ける。一方で NumPy での内積は、

ソースコード 6.38 NumPy での内積

```
1 import numpy as np
2 
3 a = np.array([1., 2., 3.])
4 b = np.array([4., 5., 6.])
```

```
5 c = np.dot(a,b)
6 print(f"result = {c}" )
```

となる。この例のように少数の要素だと違いは気にならないが、さらに多自由度の場合や行列と行列の積などでは目立った速度差が出てくる。またバグを混入しないという観点でも自前の実装は（勉強するときを除いて）避けるべきである。

一方で前にも述べたが注意として、ndarray の要素に対して `for` を使うと遅くなるのでその場合はリストの方が速くなる。

本書では触れないが、GPU を使っての計算の高速化も可能である。そのためには、NumPy の代わりに cuPy を使うと GPU の使用ができる。詳細は他書か cuPy のウェブサイトを参照してほしい。

ndarray の操作

ndarray も Python 標準のリストと大体同じように要素を取り出したりできるが、ここでは ndarray に特有な操作について学んでいく。

まずは ndarray から要素をまとめて取り出す手法である。

ソースコード 6.39

```
1 ar = np.array([10,20,30,40,50,60,70,80,90])
2 print(ar)
3 # 出力 [10 20 30 40 50 60 70 80 90]
4 idx = [2,4,6,8]
5 ar2 = ar[idx]
6 print(ar2)
7 # 出力 [30 50 70 90]
```

ndarray に番号をもつリスト型オブジェクトを入れるとその番号の要素をもつ配列が取り出される。ここで番号付けは 0 番目から始まることに注意せよ。この例では、`idx` というリスト型変数を ndarray に入れることにより、対応する番号の要素をまとめて取り出している。

shape と reshape

ndarray はリスト型と同様に多次元配列をもてるが、その形状は shape と呼ばれる。また shape は下記のように reshape で変えることができる。

ソースコード 6.40

```
1 ar = np.array([0,1,2,3,4,5,6,7,8,9])
2 print(ar.shape)
3 ar = ar.reshape(2,5)
4 print(ar.shape)
```

これを実行すると 10×1 の1次元配列が 2×5 の多次元配列に形が変わっていることがわかる。

スライス

ndarray は配列の一部に特殊な取り出し方・切り出し方をすることが可能であり、この機能はスライスと呼ばれている。

ソースコード 6.41

```
1 ar = np.array([0,1,2,3,4,5,6,7,8,9])
2 ar2 = ar[:]  # 全てを取り出す
3 ar3 = ar[1:2]  # 1番目だけの要素
4 ar4 = ar[0:3]  # 0, 1, 2番目の要素
5 print(ar2)
6 print(ar3)
7 print(ar4)
```

ここで少し詳細であるがスライスは、コピーではなく参照がとられることに注意する。すなわち、たとえば ar と ar2 はメモリ上で同じ実体を参照することになるので、ar2 の要素を変更した場合に ar にも影響が及ぶ。ar3 や ar4 も同様である。たとえば、スライスをとった先で変更した場合、

ソースコード 6.42

```
1 ar = np.array([1,2,3,4,5,6,7])
2 ar2= ar[2:3]
```

```
3 ar2[0] = 99
4 print(ar)
5 # [ 1,  2, 99,  4,  5,  6,  7]
```

となる。もし ndarray を複製したければ、np.copy() を使うとよい。

ユニバーサル関数

筆者が NumPy で一番便利だと思っているのがこの**ユニバーサル関数**である。ユニバーサル関数は ndarray の全要素に対して、要素ごとに関数を作用させるものである。たとえば、指数関数を計算したい場合には下記のようにすればよい。

ソースコード 6.43

```
1 x = np.linspace(-3.5,3.5)
2 y = np.exp(x)
3 print(y)
```

np.linspace(n_1,n_2) は、n_1 から n_2 の間を 50 分割したリスト型オブジェクトである ndarray を生成する関数である。もし分割数を変えたければ、np.linspace(n_1,n_2, 分割数) とすればよい。また np.exp(x) はユニバーサル関数であり、x の各要素に対して指数関数を作用させて結果を返す。またガウス関数を計算したいときも同様に

ソースコード 6.44

```
1 x = np.linspace(-3.5,3.5)
2 y = np.exp(x**2/2)
3 print(y)
```

などとすればよい。ここで x**2/2 は x の各要素を 2 乗し、結果を要素ごとに 2 で割ったものである。それをユニバーサル関数である np.exp に入れていることから、ガウス関数を計算できていることになる。このように多数の要素があるベクトルでも関数に作用させることができる。

要素の平均をとったり、分散や標準偏差（分散のルート）をとることも

ソースコード 6.45

```
1 x = np.linspace(-3.5,3.5)
2 m = np.mean(x)  # 平均
3 v = np.var(x)  # 分散
4 s = np.std(x)  # 標準偏差
```

で可能である。

6.3.2 Matplotlib

Matplotlib は図を書くためのライブラリであり、リストのような配列オブジェクトを入れて使う。まず使う前には、

ソースコード 6.46

```
1 import matplotlib.pyplot as plt
```

としてライブラリを呼び出しておく必要がある（こちらもノートブックを開いた後、最初に一度だけでよい)。さて、準備が整ったので Matplotlib の基本的な使い方を見ていこう。

matlab 風の書き方

簡単のために、$x = [1, 2, 3, 4]$ とそれに対する 2 次関数をプロットしてみる。

ソースコード 6.47

```
1 x = [1, 2, 3, 4]
2 y = [1**2, 2**2, 3**2, 4**2]
3 plt.plot(x,y)
4 plt.show()
```

実行すると、**図 6.4** のようなプロットが得られる。plot は、最低 2 つのリスト型（ndarray でもよい）の引数をとる関数である。Google Colab では必要ないが Jupyter notebook を使う際には、`%matplotlib inline` という行を使用前にどこかに入れておく必要がある。これはマジックコマン

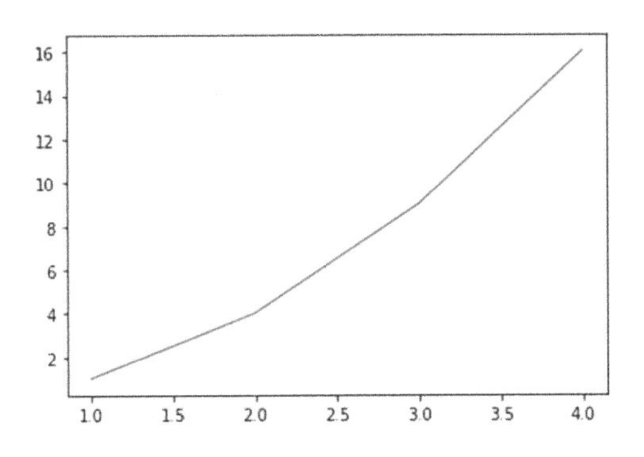

図 6.4 Matplotlib を使った作図の例。

ドと呼ばれるものの一種である。以降でも Jupyter notebook を使う読者は必要に応じて挿入していただきたい。

また、plt.plot は list append と併用することで下記のようにもプロットが作れる。

ソースコード 6.48

```
1 x = []
2 y = []
3 for ii in range(4):
4     x.append(ii)
5     y.append(ii**2)
6 plt.plot(x,y)
7 plt.show()
```

NumPy との連携

上では、リストを使って作図を行ったが NumPy と連携して作図を行うこともできる。

ソースコード 6.49

```
1 import matplotlib.pyplot as plt
2 import numpy as np
3 x = np.linspace(-3.5,3.5)
```

```
4 y = np.sin(x)
5 plt.plot(x,y)
6 plt.show()
```

最初の2行は、同じノートブック内ですでに実行済みなら入力しなくてよい。np.sin(x) はリスト型の変数を受け取って全ての要素に対して sin を計算するユニバーサル関数である。このようにして、sin 関数も簡単に作図することができる。

グラフの装飾

plt.show() の前に以下を挿入するとグラフにタイトルやラベルをつけ、プロット範囲を指定することができる。

ソースコード 6.50

```
1 plt.title("Plot")
2 plt.xlabel("x")  # x のラベル
3 plt.ylabel("y")  # y のラベル
4 plt.xlim([0, 5])  # プロットする x の範囲
5 plt.ylim([0, 25])  # プロットする y の範囲
```

オブジェクト指向的な書き方

この本では matlab 風の書き方を使うが、下記のような書き方もできる。

ソースコード 6.51

```
1 import matplotlib.pyplot as plt
2 # = = = =
3 x = [1, 2, 3, 4]
4 y = [1**2, 2**2, 3**2, 4**2]
5 fig = plt.figure()
6 ax = fig.add_subplot(111)
7 ax.plot(x,y)
8 plt.show()
```

これ以上の詳細は、[49] などを参照のこと。

6.4 Python でのクラス

ここではオブジェクト指向プログラミングの中心的話題である**クラス**を説明する。これは様々な機械学習ライブラリを使う上でも押さえておくべき概念である。

6.4.1 クラスとはオブジェクトの設計図

今まで学んできた中にリストというものがあった。リストは要素をたくさんもっている配列変数に対応する概念であった。そしてさらにユーザーが定義したリストに “`.append(1)`” などを後ろにつけて実行すると要素を追加することができた。リストは変数であったはずなのに、ある種の機能性をもっているわけである。実は Python においてリストは単なる変数ではなく、オブジェクトというさらに高機能なものである。オブジェクトはデータ（上の例ではリスト内の要素）をもっているほかに要素やオブジェクトに対する機能、関数（上の例では `append`）をもっているものである。

なぜこのようになっているかと言うと、ユーザー（プログラミングをする人）がリストに対しては、単に要素を参照するだけでなく普通は「要素を追加したい」「要素を消去したい」などリストに特有の操作をしたいためである。上記の機能をユーザーごとに実装しなくてもよいようにしてあるのである。かなり雑な定義ではあるが、このようにデータと機能をひとまとめにしたものをオブジェクトという。

リストを作るときに `my_list = [1,2,3]` などとしていたが、実際に作られた `my_list` の実体を**インスタンス**（instance）と呼ぶ。

ユーザーも自分で好きなオブジェクトを設計し使用することができる。上で出てきたクラスというのは、オブジェクトのインスタンスの設計図にあたる。

オブジェクトを使ったプログラミングでは、クラスを設計し、それを元にしてインスタンスを作るという流れになる。これは印鑑と印影の関係に似ており、印鑑を1回作って（クラスを設計して）しまえば、印影（インスタンス）はたくさん作れるというものである。また同一のクラスからインスタンスをたくさん作った場合にも一般にはインスタンス間に関係はない[*18]。これも一度押した印影同士には関係がないのと同じである。そしてインスタンスに備わっている機能（これはクラスを作るときにどういった機能をつけるかで決まると思えばよい）を呼び出して、処理を実行していくのである。

6.4.2 Pythonでのクラス

クラスを設計し、そこからインスタンスを作る流れを簡単な例で見ていこう。

初めてのクラスとして以下のようなものを考えてみる。

ソースコード6.52

```
1 class  Animal:
2     def __init__(self, name):
3         self.name = name
4         print("Animal constructor is called")
5     def say_name(self):
6         print(self.name, "in Animal class")
7
8 pochi_obj = Animal("pochi")
9 pochi_obj.say_name()
```

これは、Animalというクラスを用意して、pochi_objというインスタンスを作り、機能（Python用語ではメソッド）としてsay_nameを呼び出すコードである。少しずつ見ていこう。

まず1行目から6行目まではクラスの定義である。クラスを定義するためには、「class クラス名:」という書式で始めて、ブロック内に関数を連

*18 クラス変数という同じクラスのインスタンス同士で共有できる変数があり、それを使うと関係がつくが本書では使わないため割愛する。

ねていく。最初の関数 def __init__(self, name): は特殊な関数でコンストラクタと呼ばれている。コンストラクタは、このクラスのインスタンスが作られたときに自動的に呼ばれる関数である。Python のクラスにおいて def __関数名__(self): とアンダーバー 2 つずつで挟まれている関数はクラス内の特殊な関数を表す。また引数の self はインスタンスがメモリ上のどこに置いてあるかを示すための変数であるが、おまじないだと思っておけばよい。クラス内の関数を作る際には必ず第 1 引数は self でないといけない *19。

まず 8 行目では、pochi_obj という Animal クラスのインスタンスを作っている。ここで関数のように ("pochi") とついているのは、コンストラクタにわたす引数で、3 行目で self.name = name とインスタンス内の変数に代入される。この変数は、pochi_obj.name とすると取り出すことができる *20。この Animal クラスの機能として say_name() という関数があるが、これはインスタンス内の変数 name を画面に表示するものである。他にも機能をつけたければ、同様に関数を付け加えていけばよい。

また同じクラスから複数のインスタンスを作ることもでき、

ソースコード 6.53

```
1 pochi_obj = Animal("pochi")
2 pochi_obj.say_name()
3 ken_obj = Animal("ken")
4 ken_obj.say_name()
```

とやると独立したインスタンスが 2 つ作られる。

*19 実は名前は何でもいいが、慣例で self と書かれることが多い。このあたりは、Python の仕様に関わる話があるが深入りはしない。

*20 これは少し進んだ読者へのコメントである。クラス内の変数をこのように取り出すのは行儀が悪い場合がある。クラス同士を独立させるなら、クラス内の変数にアクセスするときには対応する関数を作ってそれを通してやるべきである。たとえば今の場合だと pochi_obj.name = 3 などと数字などに上書きできてしまう。C++などではクラス内の変数にプライベートという属性をつけて外部からのアクセスを遮断することができ、想定しない動作を防ぐことができる。Python には普通の意味のプライベート変数のように外部から完全にアクセスできない変数はないので注意が必要である。

第7章

TensorFlowによる実装

この章では、ニューラルネットを Python のライブラリである TensorFlow[51] を用いて実装してみる。特に、フィッシャーのアヤメを分類する。ここでは Google Colab 上でプログラミング・実行することを前提に説明するが、手元のパソコンの Jupyter notebook などで実行する際には、sklearn をインストールするなど、適宜準備してほしい。

7.1 TensorFlow/Kerasとは

TensorFlow は Google が開発したニューラルネットを作るアーキテクチャである。歴史としては元々 Google Brain 内部で使われていた DistBelief が元となっており、2015 年の公開以来、2020 年現在では最も有名なフレームワーク・ライブラリとなっている。Google Brain が作っただけあり、高機能であったが使いづらいというのも事実であった *1。

一方で **Keras**（ケラス）は、元々はいろいろなフレームワークの**ラッパー**（wrapper）であった。プログラミング環境においていろいろなことができるライブラリは一般に設定事項が多く複雑である。大抵のユーザーは同じ

*1 オリジナルの TensorFlow ではまず計算グラフと呼ばれるものを設計した後にそれをライブラリに入れて実行するという形式しかなかった。

ようなことしかしないのに、明らかな無駄が生じている。またユーザーは違うライブラリに乗り換えるときには1からライブラリの使い方を覚える必要がある。そこで登場するのがラッパーである。ユーザーが使いたい機能を呼び出すだけで、ラッパーがよしなに設定をライブラリに伝え、基本的な事柄が簡単にできるようにしてくれる。KerasはTensorFlowやTheanoなどのニューラルネット用のライブラリのラッパーであったが、TensorFlow 2.0に統合され、TensorFlowとよりスムーズな連携ができるようになった。以下ではフィッシャーのアヤメの分類をTensorFlow/Kerasで行い、ニューラルネットを使うという体験をしてみよう。

7.2 データやライブラリのロード

Google Colab上では、

ソースコード7.1

```
1 import numpy as np
2 from sklearn.datasets import load_iris
3 iris = load_iris()
```

と実行するだけでベクトル・行列の計算を行うNumPyとフィッシャーのアヤメのデータのロード（メモリ上への読み出し）が行える*2。正しくロードができていれば、

ソースコード7.2

```
1 list(iris.target_names)
```

を実行すると分類したいアヤメの種類であるsetosa、versicolor、virginicaが表示される。

irisをセルに入れて実行すると下記のようなものが表示される。

*2 sci-kit learnは機械学習のためのライブラリであり、アヤメのデータだけでなく、様々なデータセットや機械学習のアルゴリズムが実装してある。ここでは贅沢にもフィッシャーのアヤメのためだけに使うことにする。

ソースコード 7.3

```
1 ... (略) ...
2  'data': array([
3         [5.1, 3.5, 1.4, 0.2],
4         [4.9, 3. , 1.4, 0.2], ... (略) ... , [5.9, 3. , 5.1,
      1.8]]),
5  'feature_names': ['sepal length (cm)',
6   'sepal width (cm)',
7   'petal length (cm)',
8   'petal width (cm)'],
9 ... (略) ...
10  'target': array([0, ... (略) ..., 2]),
11  'target_names': array(['setosa', 'versicolor', 'virginica
      '], ... (略)
```

つまり dict 型のオブジェクトが入ったリストのように使える。たとえば iris.data とセルに入れて実行すると 4 次元ベクトル（リスト）の列が表示される。これがニューラルネットの入力となる。

次に TensorFlow と Keras をロードしよう。それには以下のようにすればよい。

ソースコード 7.4

```
1 import TensorFlow as tf
2 from TensorFlow import keras
3 print(tf.__version__)
4 tf.random.set_seed(1)
```

最後の行は、乱数を固定するために入れた [*3]。正しく実行できれば、ロードされた TensorFlow のバージョンが表示されるはずである（2020 年 7 月現在 2.2.0 である）。

*3 乱数とはランダムな数であるが計算機上では、ランダムに見える数列である疑似乱数が使われる。数列の初項に当たるものは**乱数のシード**と呼ばれる。ここでは再現性（いつでも誰でも結果を再現できること）のためにシードを固定した。物理学の数値計算では再現性を重視するため、乱数のシードを固定することが多い。もちろん結果がシードに強く依存してはいけない。

7.3 データの分割とニューラルネットワークの設計

この節では、アヤメの分類のためのニューラルネットの設計と、アヤメのデータの分割をどうやって行うかを説明する。

7.3.1 データの分割

まずアヤメのデータの分割を説明する。本来ならば訓練データを多くとって性能の向上を図るべきであるが、ここでは簡単のために訓練データと検証データを 1:1 で分割する。

データをランダムに並べ替えるために `random` というライブラリを読み込んでおく。

ソースコード 7.5

```
1 import random
```

次に乱数のシードを固定したのち、`idxr` という番号の入ったリストを作って `random.shuffle()` を使ってシャッフルする。

ソースコード 7.6

```
1 random.seed(12345)
2 Ndata = len(iris.data)  # データの総数を調べている（150個）
3 print(f"Ndata={Ndata}")
4 idxr = [k for k in range(Ndata)]
5 print(idxr)  # 0 から 149 まで順番が正しく出ているかチェック
6 random.shuffle(idxr)
7 print(idxr)  # 順番がデタラメになっているかチェック
```

これでデータからランダムな番号で呼び出すことができるようになった。

次に先ほど用意したランダムに並べ替えられた順番の入ったリストとスライスを使ってデータを分割する。

ソースコード 7.7

```
1 Ndata_train=int(Ndata*0.5)  # 分割の割合を指定
2 print(f"# of training data = {Ndata_train}")
3 print(f"# of validation data = {Ndata-Ndata_train}")
4 train_data = iris.data[idxr[:Ndata_train]]  # 訓練データ
5 train_labels = iris.target[idxr[:Ndata_train]]  # 訓練データ
      の教師ラベル
6
7 val_data = iris.data[idxr[Ndata_train:]]  # 検証データ
8 val_labels = iris.target[idxr[Ndata_train:]]  # 検証データの
      教師ラベル
```

7.3.2 ニューラルネットワークの設計

次にニューラルネットを作ろう。ここでは 4 次元のデータから 3 次元のラベルへの写像を作る。中間層は 1 層として、そのユニット数は 10 としておこう。それには Keras の Sequential というクラスを使って、下記のように引数を設定しながらインスタンスを作成すればよい。

ソースコード 7.8

```
1 model = keras.Sequential([
2     keras.layers.Dense(4, activation='relu'),
3     keras.layers.Dense(10, activation='relu'),
4     keras.layers.Dense(3, activation='softmax')
5 ])
```

ただし活性化関数は ReLU と最終層のみ（分類を行うため）ソフトマックス関数にした。`model` には、`keras.Sequential` から作ったインスタンスが入っていると思えるので、これを使うと設計したニューラルネットを使ったり学習させたりできる。これだけでニューラルネットの設計は完了である。

7.4 学習

次に学習・**トレーニングの設定**を行う。ここでは単純な勾配法を使ってみよう。そのためには optimizer='SGD' と指定する。ここで後で出てくる Adam などを指定すると得られる誤差関数の履歴が変わるので試してみるとよい。誤差関数は分類を行うために（ソフトマックス）クロスエントロピーを選択する。keras.Sequential のインスタンスである model は、compile という“関数”をもっており、そこで学習の設定を行う。

ソースコード 7.9

```
1 model.compile(optimizer='SGD',
2               loss='sparse_categorical_crossentropy',
3               metrics=['accuracy'])  # 分類の精度を評価する
```

そして実際の学習には、model の“関数”である fit を使えばよい。それには訓練データと訓練データのラベルが必須で今は検証データも確認のためにつけておく。学習は、20 エポック、つまり訓練データ全体を 20 回使ってトレーニングすることにして、ミニバッチのサイズを 7 つ（= 75//10）にしておく。なおこれらの数字に特に意味はなく、性能が上がるように工夫すべきである。

ソースコード 7.10

```
1 training_history = model.fit(train_data,train_labels,
2           validation_data=(val_data, val_labels),
3           epochs=20,
4           batch_size = Ndata_train//10,
5           verbose=1)
```

fit の返り値を training_history という変数に代入しているがここには学習の履歴が入ることになる。

これを入力したセルを実行すると、間違いがなければ 20 エポックの分だけプログレスバーが出て学習が進行する様子が見られるはずである。

7.5 結果の評価

機械学習では学習の後に、結果を評価する必要がある。前述のとおり、training_history には学習の履歴が入っているため、それを取り出してプロットすることにしよう。training_history は単なる変数ではなくオブジェクトで、training_history.history['loss'] から訓練データに対する誤差関数、training_history.history['val_loss'] から検証データに対する誤差関数、training_history.history['accuracy'] から訓練データに対する分類の精度、training_history.history ['val_accuracy'] から検証データに対する分類の精度の履歴がそれぞれ取り出せる。下記のコードでは誤差関数、分類の正確さに分けてプロットしている。

ソースコード 7.11

```
1  y=training_history.history['loss']
2  x=range(len(y))
3  plt.semilogy(x,y,label="loss for training")
4  #
5  y=training_history.history['val_loss']
6  x=range(len(y))
7  plt.semilogy(x,y,label="loss for validation",alpha=0.5)
8  #
9  plt.legend()
10 plt.xlabel("Steps")
11 plt.show()
12 # - - - - -
13 y=training_history.history['accuracy']
14 x=range(len(y))
15 plt.plot(x,y,label="accuracy for training")
16 y=training_history.history['val_accuracy']
17 x=range(len(y))
18 plt.plot(x,y,label="accuracy for validation")
19 plt.legend()
20 plt.xlabel("Steps")
```

```
21 plt.ylim(0,1.1)
22 plt.show()
```

このコードを実行すると**図 7.1** のような結果が得られる。右図が分類の精度であるが、その右端を見てみると検証データに対しても 80%の精度で分類できていることがわかる。

80%は、当てずっぽうよりは正答しているが、それほど高い精度ではない。今のセットアップからもわかるとおり、変更・改善の余地はいろいろある。たとえば設計に関しても、中間層の数やユニット数を増やしてみるとか、学習なら SGD ではなくたとえば後述する Momentum や Adam を使うとか、エポックを増やしてみるなどである。そもそもデータの分割も訓練データを多くすべきなのでそうしてみるなどの改善もある。

このように、ニューラルネット（ないし一般の機械学習）を使う際には様々な実験が必要となる *4。

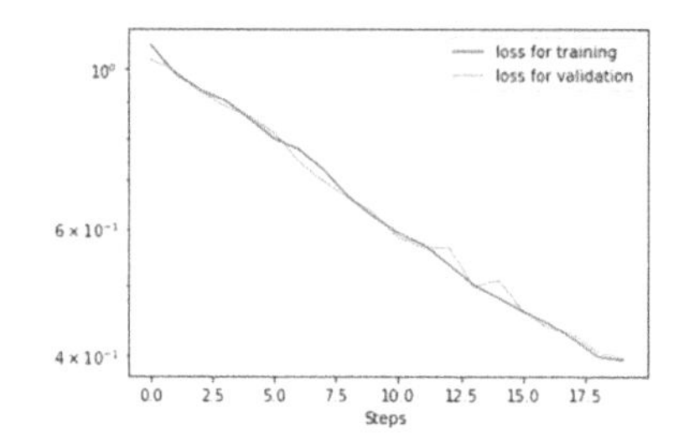

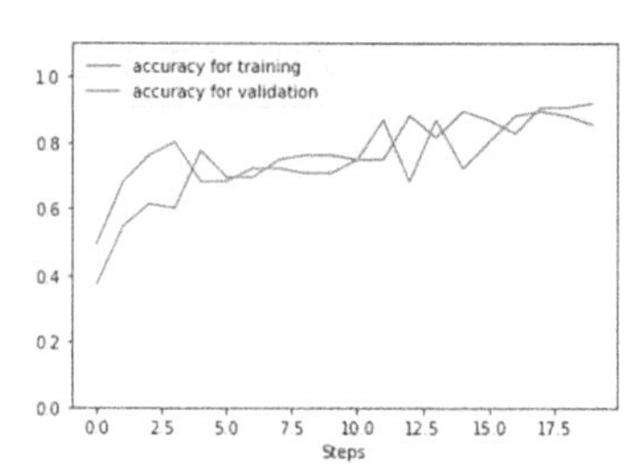

図 7.1 フィッシャーのアヤメの分類を行うニューラルネットの訓練履歴。左が誤差関数の履歴で右が分類の精度の履歴である。右図の右端を見てみると、検証データに対しても 80%の精度で分類できていることがわかる。

*4 この実験において（今回は置いていなかった）テストデータが重要となる。実験を繰り返すと、検証データに対しても高い精度が出せるようにはなる。しかしながら、本来の目的は特定のデータセットで高い性能を出すことではなかった。すなわちアヤメなら、そのへんに咲いているアヤメのデータを入力したとしても分類してほしいのである。このように、データセットに対するオーバーフィットを防いで汎化性能を確かめるためにテストデータを使うのである。

Column

量子化という用語

物理と情報理論において量子化という単語が現れるが意味は大きく違う。物理において量子化は古典理論から対応する量子論を推定する操作のことを指す。たとえば1次元の問題で位置 x と運動量 p_x があり、ここから量子論を作りたければ $\hat{x}\hat{p}_x - \hat{p}_x\hat{x} = \mathrm{i}\hbar$ を満たすように演算子 $\hat{x}$ と $\hat{p}_x$ を定めればよいことが知られている（この例では $\hat{x} = x$、$\hat{p}_x = -\mathrm{i}\hbar\frac{d}{dx}$ ととればよい）。もちろんここで示した正準量子化以外でも量子論のルールを満たすものであればどんな量子化規則でもよい[52]。

一方で情報の分野においては量子化とは信号の大きさを離散的な値で表すことである。たとえばデジカメで写真を撮る際には各ピクセルは離散値しか保存できないために量子化が行われる。情報分野でもう1つメジャーな離散化は標本化（sampling）であろう。標本化は時間に依存する信号が与えられたときに、飛び飛びの時間ごとに信号を記録する操作を表す。今ではあまり見なくなってしまったCDは「44.1 kHzのサンプリングレート」であると言われるが、これは標本化が1秒間に44100回行われることから来ている*5。なぜこの回数であるかだが、人間の可聴域の上限がおよそ20 kHzであり、ナイキスト・シャノンの標本化定理から、倍のサンプリングレートをとっておけば可聴域内の音は再現できるという論理である*6。量子化と標本化は時系列データがあったときに、時間軸に並行に離散化するか、垂直に離散化するかとも言えるだろう。

もっとも物理における量子化も元々はプランクやアインシュタインら

*5 余談だが『新世紀エヴァンゲリオン』の主人公である碇シンジが聞いているDAT（Digital Audio Tape）の一部製品ではサンプリングレートが44.1 kHz以上であるものが存在する。これにより、より高音質で音を記録保存することができる。

*6 ちなみに[32]の標本化定理の証明の直後に時間と信号の不確定性関係が導かれている。もちろん物理学としての量子論は関係なく同じ数学的枠組みを使っているから出るのであるが、全く異なる分野の教科書を読んでいて馴染みの関係式が出ると旅行先で旧友に出くわしたような妙な気持ちになる。それを運命と思うか偶然と思うかは人による。

7

の時代にエネルギーレベルが離散化していたことを見つけたことに由来するわけで、その意味では元々は“軸に並行”な離散化を意味していたはずである。

第 8 章

最適化、正則化、深層化

ここでは、ニューラルネットワークの最適化や過学習を防ぐ手法、そして深層化するための方法を概論的に述べる。ニューラルネットは長い歴史の中で捉えられ方が変わってきて、構造や学習手法も少しずつ進化してきた。特に2010年代のディープラーニングの発展の中でより深く、より性能が高くなるように洗練されてきた。この章ではその流れを概観してみよう。ニューラルネットの高性能化とデータの前処理は切っても切れない関係であるが、ここではデータの前処理は議論しないのでそれについては[45]などを参照してほしい。

まず少しだけ**ニューラルネットの初期化**について述べておこう。ニューラルネットはトレーニングを行う前には、乱数をもって初期化される。問題はどのような乱数を使うかである。乱数の分布として、学習の際の誤差の逆伝播において効率の良くなるとり方をしたくなる。実際、そういった要求からどういった乱数の分布が良いかを定めることができる[19, 45]。もちろんこれはニューラルネットの構造や活性化関数にも依存する話である *1。

以下では、ニューラルネットの最適化法や過学習を防ぐ方法などを説明していこう。

*1　初期化に関連する話題として、宝くじ仮説というものがある[53]。

8.1 最適化法の改良

この節ではニューラルネットの最適化法、特に**オプティマイザー**（optimizer、最適化をするもの）について説明していく。

8.1.1 学習のスケジューリング

まず勾配降下法での学習を考えよう。勾配法では

$$\theta_I \leftarrow \theta_I - \epsilon \frac{\partial}{\partial \theta_I} \mathbb{E}\left[L_\theta[\vec{X}, \vec{Y}] \right]$$

のように学習を進めるのだった。大きな学習率 ϵ をとると、重みが大きく変わって速く収束することが期待できる。一方で学習が進んできたときには、もうほとんど解の近くなので重みをあまり大きく変える必要がないため、ϵ は小さい方がよさそうである。これを解決するのがスケジューリングである。重みを更新した回数を t としたときに、学習率を重みを更新した回数に依存させて $\epsilon(t)$ のようにして、学習の初期では大きく、学習の後半では小さくする、という手法をスケジューリングと呼ぶ。

8.1.2 勾配法の改良：モーメンタム

ここでは数ある勾配法の改良の 1 つである**モーメンタム**[54] を説明しよう。ここでも重みを更新した回数を t とする。単純な勾配法はこの表記法では、

$$\theta_I^{(t+1)} = \theta_I^{(t)} - \epsilon \frac{\partial}{\partial \theta_I} \mathbb{E}\left[L_\theta[\vec{X}, \vec{Y}] \right] \Big|_{\theta \to \theta^{(t)}} \tag{8.1.1}$$

$$= \theta_I^{(t)} + \Delta \theta_I^{\mathrm{SDG},(t)} \tag{8.1.2}$$

である。ここで

$$\Delta \theta_I^{\mathrm{SDG},(t)} = -\epsilon \frac{\partial}{\partial \theta_I} \mathbb{E}\left[L_\theta[\vec{X}, \vec{Y}] \right] \Big|_{\theta \to \theta^{(t)}} \tag{8.1.3}$$

とおいた。

ニューラルネットの学習では重みが最適化できればいいので、速く収束させるために $\Delta\theta_I^{\mathrm{SDG},(t)}$ を以下のように置き換えてみる。

$$\Delta\theta_I^{\mathrm{Mom},(t)} = \mu\Delta\theta_I^{\mathrm{Mom},(t-1)} - (1-\mu)\epsilon\frac{\partial}{\partial\theta_I}\mathbb{E}\left[L_\theta[\vec{X},\vec{Y}]\right]\Big|_{\theta\to\theta^{(t)}} \tag{8.1.4}$$

ここで μ は 1 に近くとるパラメータである。また $\Delta\theta_I^{\mathrm{Mom},(0)} = 0$ とする。この更新ルールに基づいた最適化法をモーメンタム（momentum）と呼ぶ。

簡単な例で 2 つの最適化法がどうなるか見てみよう。誤差関数として

$$L_\theta = \frac{1}{2}\theta_1^2 + \frac{1}{5}\theta_2^2 \tag{8.1.5}$$

というものを考えて、これの最小値を勾配法を用いて調べてみる。ただし $\theta = \theta_1, \theta_2$ である。

まずは単純な勾配法を考える。θ の初期値を

$$\theta_1 = -0.9,\ \ \theta_2 = 0.8 \tag{8.1.6}$$

とし、学習率を $\epsilon = 0.19$ として勾配法を適用した結果が**図 8.1** である。繰り返しの終了条件は $L_\theta < 0.01$ となったときとした。左図を見ると最小値に向かってカクカクと折れ曲がりながら落ちていく様子がわかる。これは微分が等高線に対して直交する成分を与えることから自然であるとわかる。

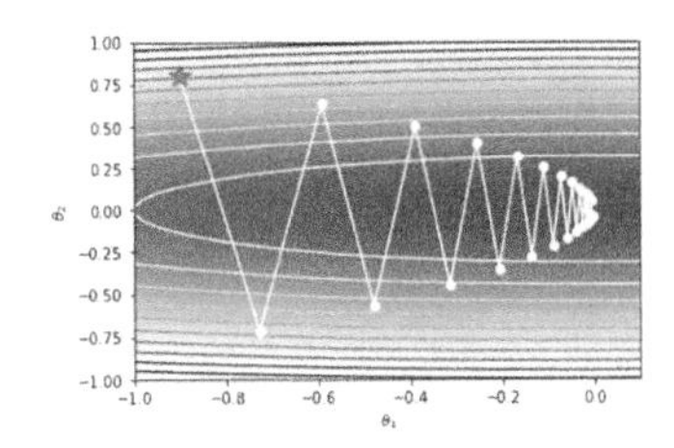

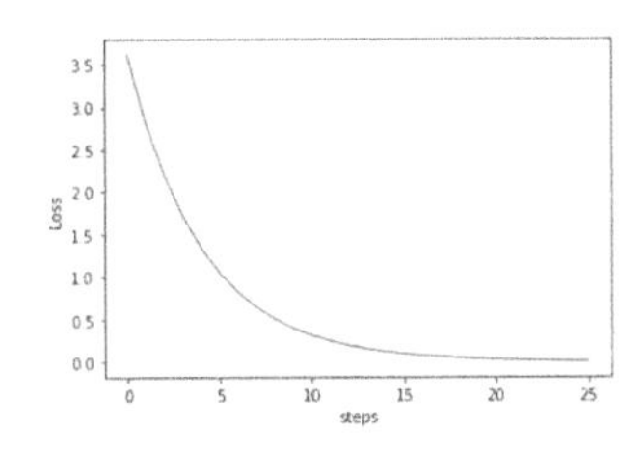

図 8.1 単純な勾配法での最適化の図。左図は、(8.1.5) を誤差関数として最適化の軌跡を表したものである。初期値は星印で示してあり、白い点が勾配を計算している地点である。右図は、誤差関数の値の履歴を見たものである。

次にモーメンタムを用いた勾配法を考える。θ の初期値は先と同じとし、

学習率を $\epsilon = 0.19$、$\mu = 0.6$ としてモーメンタムを適用した結果が**図 8.2** である。右図を比較すると単純な勾配法と違って、モーメンタムではより短いステップ数（11 ステップ）で最適化できていることがわかる。また "慣性" が働いており、いったん斜面を登り上がっている様子もわかる。

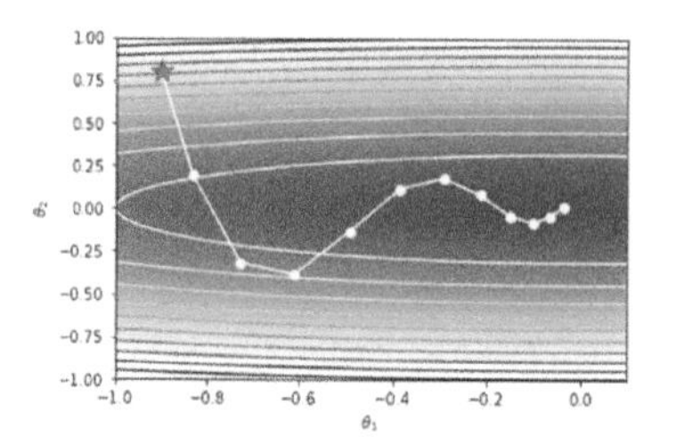

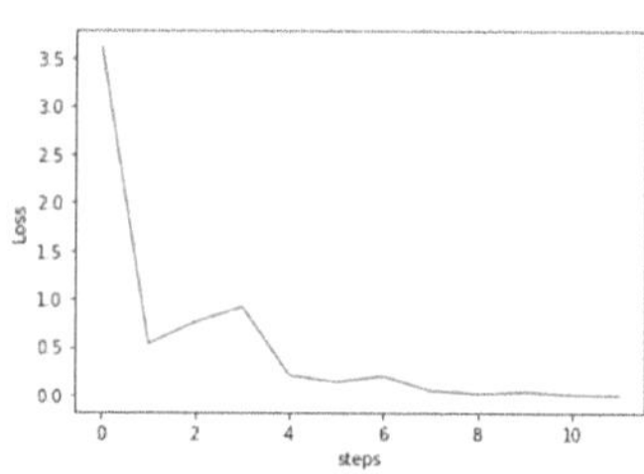

図 8.2　モーメンタムを用いた勾配法での最適化の図。左図は、(8.1.5) を誤差関数として最適化の軌跡を表したものである。右図は、誤差関数の値の履歴を見たものである。

このように更新ルールを工夫することによって、最適値を素早く得ることができる。現在では、モーメンタムの改良型である Adam（adaptive moment estimation、アダム）[55] が事実上の標準である。

最適化手法の研究において上記のような最適化ルールを連続化することがあるのでそれを少し見てみよう。まず $\theta = (\theta_1, \theta_2)$ として単純な勾配法を

$$\theta^{(t+1)} = \theta^{(t)} - \epsilon \frac{\partial}{\partial \theta} L(\theta) \tag{8.1.7}$$

と書く。この記法を使ったときにモーメンタムの更新式を 2 つの連立式として見て

$$\theta^{(t+1)} = \theta^{(t)} + \psi^{(t+1)} \tag{8.1.8}$$

$$\psi^{(t+1)} = \mu \psi^{(t)} - (1-\mu)\epsilon \frac{\partial}{\partial \theta} L(\theta) \tag{8.1.9}$$

と書こう。これは自明な操作として文字を $\theta^{(t)}$ を $q^{(t)}$ と、$\psi^{(t)}$ を $p^{(t)}$、さらに $L(\theta)$ を E と読み替えて

$$q^{(t+1)} - q^{(t)} = p^{(t+1)} \tag{8.1.10}$$

$$p^{(t+1)} - p^{(t)} = -(1-\mu)p^{(t)} - (1-\mu)\epsilon\frac{\partial}{\partial q}E \tag{8.1.11}$$

と書いてもよいはずである。そして $(1-\mu)\epsilon = 1$ と固定したまま、$\mu \to 1$ の極限をとると

$$q^{(t+1)} - q^{(t)} = p^{(t+1)} \tag{8.1.12}$$

$$p^{(t+1)} - p^{(t)} = -\frac{\partial}{\partial q}E(q) \tag{8.1.13}$$

となることがわかる。$q^{(t+1)}$ と $p^{(t+1)}$ のテイラー展開を 1 次まで使うと [*2]

$$\frac{d}{dt}q(t) = p(t) \tag{8.1.14}$$

$$\frac{d}{dt}p(t) = -\frac{\partial}{\partial q}E(q) \tag{8.1.15}$$

と書き換えることができる。これは解析力学における運動方程式（ハミルトン方程式）である。このように更新の方程式を連続化すると見通しが良くなる場合が存在する[56]。

8.2 過学習を防ぐ

今まで見たように、過学習は汎化誤差と経験誤差が乖離してしまう現象であった。もちろん訓練データを増やせば過学習を防ぐことができるが、それ以外にもいろいろなテクニックが知られている。

1. アーリーストッピング（早期終了）
2. 誤差関数の正則化
3. ドロップアウト

アーリーストッピング（早期終了）

第 1 章の経験から、過学習（そこでは過適合と呼んでいた）の徴候は、訓練誤差が減っているにもかかわらず、検証データからの誤差が増えることから見積もれそうである。そこで学習の途中で訓練誤差と検証データか

*2 この計算の詳細については、後述のスキップコネクションの小節 8.3.1 を参照するとよい。

ら計算される誤差を観察しておき、訓練誤差が下がるが、検証データから計算される誤差が大きくなり始めたところで学習を打ち切るという手法が考えられる。これにより、過学習を検知し防ぐことができる。これが**アーリーストッピング**と呼ばれる手法である。

誤差関数の正則化

過学習が起こっている状況では、典型的に少ないデータに多いパラメータを用いてデータに最適化するため、パラメータ同士が一部正負の符号で相殺している。そのため無駄なパラメータを減らすことができればよさそうだ。それが**誤差関数の正則化**である。

たとえば、誤差関数に以下のような項を加えることが可能であろう。

$$E_{\mathrm{L1}} = \sum_l \sum_{ij} |w_{ij}^l|, \quad E_{\mathrm{L2}} = \frac{1}{2} \sum_l \sum_{ij} |w_{ij}^l|^2 \tag{8.2.1}$$

これらはL1正則化項やL2正則化項という。これらは線形回帰の場合にも使用でき、その場合はL1正則化はLASSO（Least Absolute Shrinkage and Selection Operator）と呼ばれ、L2正則化はリッジ回帰と呼ばれる。

少し例を見てみよう。L2正則化項を4次式のフィットに加えてみる。

$$f_\theta(x) = a_0 + a_1 x + a_2 x^2 + a_3 x^3 + a_4 x^4 \tag{8.2.2}$$

$$E = \sum_d |f_\theta(x_d) - y_d|^2 + \frac{1}{2} \mu \sum_{k=0}^{4} (a_k)^2 \tag{8.2.3}$$

μは実パラメータである。たとえば第1章で見たように、2次式でフィットできるデータに対してこの4次式を用いた場合、a_3とa_4は0になってほしいわけである。もしそれらに0でない値が入って当てはめを良くした場合には、ノイズを含んだ実際のデータの分布を無視して誤差関数Eを小さくするのでノイズに対して過学習（オーバーフィット）を起こしてしまうのだった。この場合には、正則化項が罰則になり、a_k^2の合計値を小さくしようとするので、それらの競合によりオーバーフィットを防いでくれる。これはリッジ回帰（ridge regression）と呼ばれている。またニューラルネットの文脈では、この項は重み減衰（weight decay）とも呼ばれている。

一方でL1正則化項を入れてもよい。

$$E = \sum_d |f_\theta(x_d) - y_d|^2 + \mu \sum_{k=0}^{4} |a_k| \tag{8.2.4}$$

μ は実パラメータである。L1正則化項を入れた線形回帰はラッソ回帰（LASSO regression）と呼ばれており、スパースモデリング（sparse modeling）に使われている。スパースとは疎（まばら）という意味でL1正則化項は今の場合、a_k のうちで0の成分を増やそうとする働きがある。そのため要素が疎になり、意味のあるパラメータのみを残してフィットが可能になるわけである。

ドロップアウト

ドロップアウトは、ミニバッチごとに一部の重みパラメータを0にし、全体で性能を担保する手法である。ドロップアウトを使うと、重みの数が減るためにミニバッチ学習の間はニューラルネットの性能が制限されるが、安定的に性能を向上させることができることが知られている。詳細は省略するがドロップアウトはニューラルネットを使ったアンサンブル学習の近似とも捉えることができる[45]。**アンサンブル学習**とは弱い学習器（今の例では能力を制限したニューラルネット）をたくさん合わせて、全体で強い学習器を作る枠組みである。

補足であるが、アンサンブル学習には弱い学習器の組み合わせ方によって、バギングやブースティングなどと呼ばれる手法がある[57]。

8.3 多層化にむけて

ニューラルネットは層の数が増えるほど、パラメータが増えるほど性能が上がることが期待されるが、実は話はそう単純ではなかった。ここでは、多層化を行う手法を簡単にまとめておく。

誤差逆伝播法に基づく学習では、活性化関数を σ としたとき、深いニューラルネットの入力層付近の学習には $\sigma'\sigma'\cdots\sigma'$ のように層の数だけ活性化関数の微分の積を計算していた。もし活性化関数としてシグモイド関数を使っていた場合には、ほとんどの領域で σ' が 1 に比べて小さくなっており、たくさん掛けると 0 になってしまう。これが**勾配消失**と呼ばれる現象である。もし勾配消失が起こるとパラメータが更新されなくなってしまい、層を深くする意味がなくなってしまう。そこで 1 つの解決法は、活性化関数として ReLU を使うことである。なぜなら ReLU は情報が伝播する正の領域では微分は 1 であり、微分から来る勾配消失をある程度防ぐことができるからである。

ReLU を使うことを含めて多層化を行うには下記のような典型的なテクニックが知られている。

1. 活性化関数として ReLU を使う
2. スキップコネクション（skip connection）を使う
3. バッチ正則化（batch normalization）

以下では、スキップコネクションとバッチ正則化について簡単に述べる。

8.3.1 スキップコネクション

スキップコネクションとは、ネットワークにバイパスを作る手法である。概念的には図 8.3 で表される。これはまた残差コネクション（residual connection、ResNet[58] の由来ともなった）とも呼ばれる。これは誤差逆伝播の際、効率的に誤差を浅い層に伝播するので勾配消失に対して有効である。

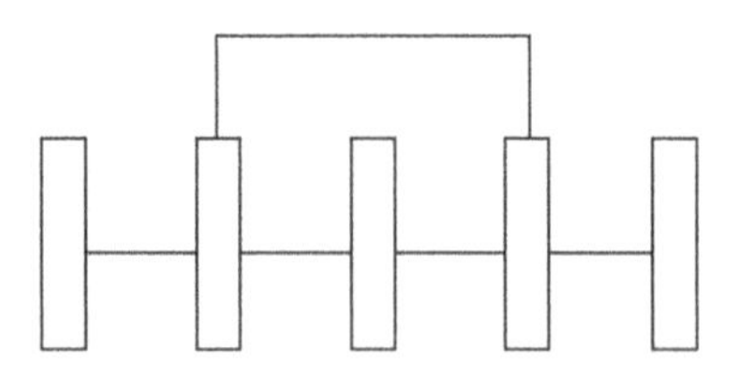

図 8.3 スキップコネクションの図。

スキップコネクションであるが、実は微分方程式と関係していることが知られている。まず 1 変数の微分方程式を考えてみよう。

$$\frac{d\sigma(t)}{dt} = f(\sigma(t), t, \theta) \tag{8.3.1}$$

微分の定義から

$$\frac{d\sigma(t)}{dt} \approx \frac{\sigma(t+h) - \sigma(t)}{h} \tag{8.3.2}$$

なので、これを用いると (8.3.1) は、

$$\sigma(t+h) = \sigma(t) + hf(\sigma(t), t, \theta) \tag{8.3.3}$$

となる。さらに $h = 1$ とおき、t を l と置き換えると

$$\sigma(l+1) = \sigma(l) + f(\sigma(l), l, \theta) \tag{8.3.4}$$

これはスキップコネクションがある場合のニューラルネットになっている。逆に言うとスキップコネクションはこのような微分方程式の構造をもっていると言える。これを積極的に使うアイデアとして**ニューラル ODE**（neural ordinal differential equation、ニューラル常微分方程式）がある[59]。

8.3.2 バッチ正則化

バッチ正則化とは、各層にある線形変換の結果の平均を 0、分散を 1 にするように整える操作（正規化）をミニバッチごとに行う操作である[60]。正規化の後、活性化関数を通してからアフィン変換、活性化関数の順に処理をする。

元々は**内部共形量シフト**と呼ばれる意味のない変形自由度を取り除く操作とされていた。共形量シフトとは、データの値を定数倍したり定数を足したりしても線形変換で吸収できてしまう現象を指す。ニューラルネットワークが深層になった場合、これが内部で起こってしまい、学習が不安定になってしまうとされていた。一方で、内部共形量シフトを取り除くのではなく、誤差関数の振る舞いを良くするだけであるなどの話[61] もあり、深層学習の効率向上に役立つのは間違いないのだが、なぜうまくいくかははっきりしていない。

畳み込みニューラルネットワーク

この章では、現代では常識となりつつある畳み込みニューラルネットを紹介する。畳み込みニューラルネットは、元々は脳の視覚野の一部を模倣した数理模型である。しかしながら今まで見てきた全結合ニューラルネットもそうだが、対称性の同変性という観点から起源を離れて新たな意味づけがなされているため、脳の模型というより、対称性の同変性を実現したニューラルネットの仕組みと捉える方がよいように思う。

以下ではまず、画像処理において畳み込み演算が使われる例であるフィルターから話を始める。特に2次元のデータに対するフィルターは話が煩雑であるので1次元データに対するフィルターを考察し、2次元へと拡張する。そしてその後に、畳み込みニューラルネットに話を進める。

9.1 フィルター

9.1.1 1次元データに対するフィルターの例

まずは説明のために次のような6個のデータを含むデータを列ベクトルとみなしたものを考えてみる。

$$\vec{x}^\top = \begin{pmatrix} x_1 & x_2 & x_3 & x_4 & x_5 & x_6 \end{pmatrix} \tag{9.1.1}$$

そしてこのベクトルに次の行列 C を作用させてみよう。

$$C = \begin{pmatrix} 1 & 0 & 0 & 0 & 0 & 0 \\ -1 & 1 & 0 & 0 & 0 & 0 \\ 0 & -1 & 1 & 0 & 0 & 0 \\ 0 & 0 & -1 & 1 & 0 & 0 \\ 0 & 0 & 0 & -1 & 1 & 0 \\ 0 & 0 & 0 & 0 & -1 & 1 \end{pmatrix} \tag{9.1.2}$$

すると結果は、

$$\vec{y} = C\vec{x} = \begin{pmatrix} x_1 \\ x_2 - x_1 \\ x_3 - x_2 \\ x_4 - x_3 \\ x_5 - x_4 \\ x_6 - x_5 \end{pmatrix} \tag{9.1.3}$$

となり、この行列は差分を調べていることになる。この行列は、データの各要素が隣のものと差があればそれが抽出されるフィルターの役割を果たす。これが畳み込みの原型となる。

この操作を要素ごとに書いてみよう。

$$y_i = \sum_{p=0}^{6} C_{ip} x_p \tag{9.1.4}$$

$$= C_{i0}x_0 + C_{i1}x_1 + C_{i2}x_2 + C_{i3}x_3 + C_{i4}x_4 + C_{i5}x_5 + C_{i6}x_6 \tag{9.1.5}$$

$C_{i0} = 0,\ x_0 = 0$ とおいた。たとえば $i = 3$ のときには

$$y_3 = C_{30}x_0 + C_{31}x_1 + C_{32}x_2 + C_{33}x_3 + C_{34}x_4 + C_{35}x_5 + C_{36}x_6 \tag{9.1.6}$$

$$= C_{32}x_2 + C_{33}x_3 = -x_2 + x_3 \tag{9.1.7}$$

と確かに元のとおりの行列変換を与えている。

唐突だが $\vec{c} = (-1 \quad 1)^\top$ というベクトルを定義して、これを用いてさらに書き換えてみよう。ベクトル表記では

$$\vec{y} = \begin{pmatrix} y_1 \\ y_2 \\ y_3 \\ y_4 \\ y_5 \\ y_6 \end{pmatrix} = \begin{pmatrix} \sum_{p=1}^{2} c_p x_{p-1} \\ \sum_{p=1}^{2} c_p x_p \\ \sum_{p=1}^{2} c_p x_{p+1} \\ \sum_{p=1}^{2} c_p x_{p+2} \\ \sum_{p=1}^{2} c_p x_{p+3} \\ \sum_{p=1}^{2} c_p x_{p+4} \end{pmatrix} \tag{9.1.8}$$

と書ける。つまり各成分はベクトル $\vec{c}$ と $\vec{x}$ の一部を取り出したベクトルの内積になる。これは成分で書くと、

$$y_i = \sum_{p=1}^{2} c_p x_{p+i-2} \tag{9.1.9}$$

となる。ベクトル $\vec{c}$ を 2 次元ベクトルでなく一般の大きさ H に拡張した場合には

$$y_i = \sum_{p=1}^{H} c_p x_{p+i-2} \tag{9.1.10}$$

となる。今考えた行列 C は差分を表すフィルターになっており、それと同じ役割を果たすベクトル $\vec{c}$ を導入できた。実際の画像データに対する畳み込みの場合にはベクトル $\vec{c}$ は行列に拡張される。いま要素で書いたのを見てわかるとおり、$\vec{x}$ をずらしながら足し上げている。これは数学で出てくる畳み込みに対応している [*1]。またここでずらしながら足し上げているため、

*1 数学での畳み込みはずらす向きである j の符号が逆である。これは畳み込みの方向を逆に行ったものに対応しており、等価である。

入力データのインデックスを1つずらしてもこの操作の後に出てくる情報は本質的に変わらない。このように畳み込みはデータの並進対称性を保ちながら特徴を抽出する。この性質は**同変性**（equivariance）と呼ばれ、並進以外の対称性にも対応する拡張された畳み込みが考案されている[62–64]。

全結合ニューラルネットワークの場合には入力データ $\vec{x}$ に対して一般には全要素が入っている行列 W を掛けることで情報を処理していた。ごく単純化して言えば、畳み込みニューラルネットはこの密な行列 W の代わりに、ほとんどの要素が0である行列 C（に対応する拡張したもの）を用いるというアイデアである。言い換えると W は全成分独立に調整されたが、一方で畳み込みの場合には1と -1 の2成分からなるベクトル $\vec{c}$（に対応する拡張したもの）を考え、$\vec{x}$ の部分ごとに内積をとるので、今の場合パラメータは2つとなる。これは全結合の言葉で言うと、W の対角周辺のパラメータを共有してとることにして、かつ対角から離れたところの重みを0ととったとも言える。

9.1.2 フィルターと微分、関数の特徴抽出

この小節は少し込み入っている上、後に影響しないため飛ばして次に進んでも問題はないが、後に出てくる畳み込みニューラルネットワークが何をやっているのかを直観的に理解するのに役立つはずである [*2]。

前小節で見たものと少し異なる以下のフィルターを考えてみよう。

$$C_N = \begin{pmatrix} 0 & 1 & 0 & 0 & 0 & -1 \\ -1 & 0 & 1 & 0 & 0 & 0 \\ 0 & -1 & 0 & 1 & 0 & 0 \\ 0 & 0 & -1 & 0 & 1 & 0 \\ 0 & 0 & 0 & -1 & 0 & 1 \\ 1 & 0 & 0 & 0 & -1 & 0 \end{pmatrix} \tag{9.1.11}$$

このフィルターと前小節に出てきたベクトル $\vec{x}$ との積は、

*2 ここの説明は、[65] を参考にした。

$$C_N\vec{x} = \begin{pmatrix} x_2 - x_6 \\ x_3 - x_1 \\ x_4 - x_2 \\ x_5 - x_3 \\ x_6 - x_4 \\ x_1 - x_5 \end{pmatrix} \tag{9.1.12}$$

これは前小節で見たのと異なる差分を与えている。ここで次のような関数の差を考えてみよう。ϵ を正の微小量として

$$f(x+\epsilon) - f(x-\epsilon) \tag{9.1.13}$$

これを ϵ が小さいと考えてテイラー展開すると

$$\begin{aligned} f(x+\epsilon) - f(x-\epsilon) &= f(x) + \epsilon\frac{d}{dx}f(x) + \epsilon^2\frac{1}{2}\frac{d^2}{dx^2}f(x) + O(\epsilon^3) \\ &\quad - f(x) + \epsilon\frac{d}{dx}f(x) - \epsilon^2\frac{1}{2}\frac{d^2}{dx^2}f(x) + O(\epsilon^3) \end{aligned} \tag{9.1.14}$$

$$= 2\epsilon\frac{d}{dx}f(x) + O(\epsilon^3) \tag{9.1.15}$$

となる。左辺は関数の隣の隣との差で $C_N\vec{x}$ の各成分と形がそっくりである *3。このように $x_{i-1} - x_{i+1}$ の組み合わせは離散的な 1 階微分（の 2 倍）を与える *4。象徴的にこれは、

$$C_N \Leftrightarrow \frac{d}{dx} \tag{9.1.16}$$

と対応することになる。ここで、入力するデータ列 $\{x_i\}_{i=1,\cdots,6}$ と関数 $f(x)$ が対応する。すなわちデータ列 $\{x_i\}_{i=1,\cdots,6}$ をベクトルと考えて C_N を作用させた結果と関数 $f(x)$ を x について 1 階微分した結果が対応する。

*3 ベクトルの方でも隣の隣の成分との差になっている。ベクトルと関数を同一視するというのは極めて有効な考え方で、フーリエ変換などを勉強するときに非常に役に立つ。また離散的な番号である i が連続変数 x に対応するわけだが、このあたりは量子多体系と場の量子論の対応でも見られることになる。

*4 ちなみに C_N を定義するときには端っこの処理としてここでは周期的境界条件を置いた。すなわち、$x_{1-2} = x_6$ と $x_{6+1} = x_1$ とした。これは以下で説明するパディング処理に対応する。

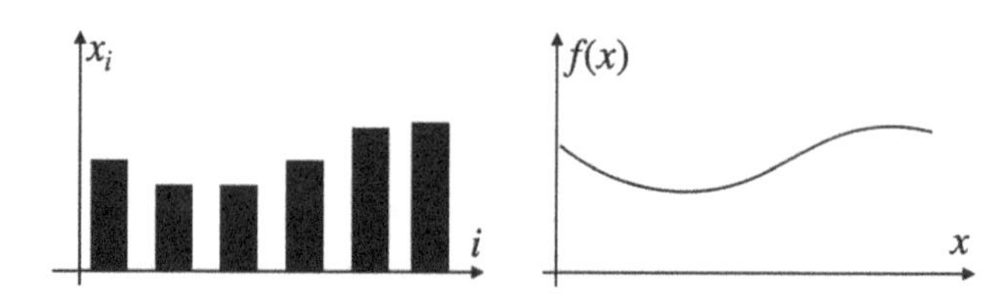

図 9.1 左図はベクトル $\vec{x}$ の成分 x_i を縦軸に、成分の番号を横軸に表示したもの。右図は関数 $f(x)$ の成分を縦軸に、x を横軸に表示したもの。このように作図すると、関数もベクトルとみなせることがわかる。

続いて次のフィルターも考えてみよう。

$$C_L = \begin{pmatrix} -2 & 1 & 0 & 0 & 0 & 1 \\ 1 & -2 & 1 & 0 & 0 & 0 \\ 0 & 1 & -2 & 1 & 0 & 0 \\ 0 & 0 & 1 & -2 & 1 & 0 \\ 0 & 0 & 0 & 1 & -2 & 1 \\ 1 & 0 & 0 & 0 & 1 & -2 \end{pmatrix} \tag{9.1.17}$$

を見てみるとベクトル $\vec{x}$ との積は、

$$C_L\vec{x} = \begin{pmatrix} x_6 + x_2 - 2x_1 \\ x_1 + x_3 - 2x_2 \\ x_2 + x_4 - 2x_3 \\ x_3 + x_5 - 2x_4 \\ x_4 + x_6 - 2x_5 \\ x_5 + x_1 - 2x_6 \end{pmatrix} \tag{9.1.18}$$

先と同様に関数の差を考えてみよう。

$$f(x+\epsilon) + f(x-\epsilon) - 2f(x) \tag{9.1.19}$$

前と同様に、ϵ が小さいと考えてこれをテイラー展開すると

$$\begin{aligned} f(x+\epsilon) + f(x-\epsilon) - 2f(x) = f(x) + \epsilon\frac{d}{dx}f(x) + \epsilon^2\frac{1}{2}\frac{d^2}{dx^2}f(x) + O(\epsilon^3) \\ + f(x) - \epsilon\frac{d}{dx}f(x) + \epsilon^2\frac{1}{2}\frac{d^2}{dx^2}f(x) + O(\epsilon^3) \end{aligned}$$

$$- 2f(x) \tag{9.1.20}$$

$$= \epsilon^2 \frac{d^2}{dx^2} f(x) + O(\epsilon^3) \tag{9.1.21}$$

となる。$x_{i-1} + x_{i+1} - 2x_i$ の組み合わせは離散的な 2 階微分を与えるため、離散ラプラシアンとも呼ばれる。これも象徴的に、

$$C_L \Leftrightarrow \frac{d^2}{dx^2} \tag{9.1.22}$$

と対応する。

さて上記のフィルターを線形結合をとったものもフィルター、今の場合には行列になる。そこで実パラメータ $\alpha_0, \alpha_1, \alpha_2$ を導入し、I を単位行列とするなら

$$C_D = \alpha_0 I + \alpha_1 C_N + \alpha_2 C_L \tag{9.1.23}$$

もフィルターということになる。$\alpha_0 - 2\alpha_2 = d$（d は diagonal、対角）、$\alpha_1 + \alpha_2 = u$（u は upper）、$-\alpha_1 + \alpha_2 = l$（l は lower）と置き換えると

$$C_D = \begin{pmatrix} d & u & 0 & 0 & 0 & l \\ l & d & u & 0 & 0 & 0 \\ 0 & l & d & u & 0 & 0 \\ 0 & 0 & l & d & u & 0 \\ 0 & 0 & 0 & l & d & u \\ u & 0 & 0 & 0 & l & d \end{pmatrix} \tag{9.1.24}$$

という同じ変数が決まったパターンで現れるシンプルな形で与えられる。

データ列 $\{x_i\}_{i=1,\cdots,6}$ と関数 $f(x)$ が対応しているとして、また行列 C_N, C_L と微分の対応を使うなら、このフィルターは演算子

$$C_D \Leftrightarrow \alpha_0 + \alpha_1 \frac{d}{dx} + \alpha_2 \frac{d^2}{dx^2} \tag{9.1.25}$$

$$= (d + u + l) + (\frac{u}{2} - \frac{l}{2}) \frac{d}{dx} + (\frac{u}{2} + \frac{l}{2}) \frac{d^2}{dx^2} \tag{9.1.26}$$

を関数 $f(x)$ に作用させているようなものである。考えているフィルター C_D をデータ $\vec{x}$、演算版フィルターを関数 $f(x)$ に作用させるのを比較す

ると

$$\vec{x} \mapsto C_D\vec{x} = \alpha_0\vec{x} + \alpha_1 C_N\vec{x} + \alpha_2 C_L\vec{x} \tag{9.1.27}$$

$$\Leftrightarrow f(x) \mapsto \alpha_0 f(x) + \alpha_1 \frac{d}{dx} f(x) + \alpha_2 \frac{d^2}{dx^2} f(x) \tag{9.1.28}$$

と対応することになる。1 階微分は傾き、2 階微分は曲がり方を表すのだったので、一言でいうと、このフィルターは関数の傾きや曲がり方を強調（係数が負なら抑制）する変形を与えていることになる。

畳み込みニューラルネットでは $\alpha_0, \alpha_1, \alpha_2$ に対応するものは学習で決めることになる。すなわち、$C_D\vec{x}$ を前に出てきたようなニューラルネットに入力し、誤差関数が減少するように $\alpha_0, \alpha_1, \alpha_2$ を決める。つまり $\alpha_0, \alpha_1, \alpha_2$ は、関数の特徴である傾き等の情報のうち、どの情報が誤差関数を減らすのに有効か（重要か）で決められる。言い換えるならば、学習可能なフィルターも含んだニューラルネット全体がどういった特徴に着目しているかということもこの係数（フィルターの値）からわかることになる。

前小節では行列 C からベクトル $\vec{c}$ を構成したが、今の場合に対応するベクトルは

$$\vec{c}_T = \begin{pmatrix} l & d & u \end{pmatrix}^\top \tag{9.1.29}$$

$$= \begin{pmatrix} -\alpha_1 + \alpha_2 & \alpha_0 - 2\alpha_2 & \alpha_1 + \alpha_2 \end{pmatrix}^\top \tag{9.1.30}$$

である。先に指摘したとおり畳み込みニューラルネットは、このベクトル（を拡張したもの）を学習することになる。つまり学習される（すなわち誤差関数を小さくするために調整される）のは u, d, l に対応する変数である。そしてその係数は、関数の描像では傾きや曲がり方などの情報、すなわち入力するものの “特徴” をどれくらい強調や抑制するかを指定することになる。

9.1.3　2 次元のフィルター処理

さて実際の**フィルター**の話に移ろう。実際の場面において画像のフィルターといえば、2 次元のデータに対しての処理を行って 2 次元の結果を得

るものである。そのため前小節の結果を拡張する必要がある。

想定する入力データをここでは画像としよう。画像は 2 つの添字をもつ実数の集まりなので x_{ij} と書くことにする。i, j はピクセルを指定する添字で画像のサイズだけ動く。そしてこのとき、畳み込みはこの 2 次元に広がった（= 添字が 2 つある）ものに対しての "内積" になっている。

具体的に 3×3 というサイズのフィルター $c_{p,q}$ を考えよう。このデータに対するフィルター処理は

$$y_{i,j} = \sum_{p=0}^{3-1} \sum_{q=0}^{3-1} c_{p,q} x_{p+i,q+j} \tag{9.1.31}$$

と定義され、これは先ほどの拡張になっている。ここではよく使われる記法に合わせて添字を 0 から始めた。もし元の画像が $W \times W$ の画像でフィルターサイズが $H \times H$ だった場合、出力は $(W - H + 1) \times (W - H + 1)$ になる。たとえば、**図 9.2** のように 4×4 の画像に 2×2 フィルターを適用すると、3×3 の画像になる。

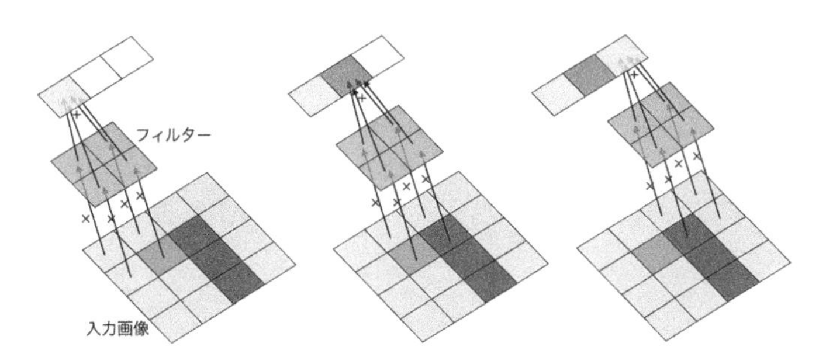

図 9.2 4×4 の画像に 2×2 のフィルターを適用している模式図。一番下にある画像からフィルターに伸びている矢印は、フィルターとピクセルの積を表す。またフィルターから一番上にあるピクセルに伸びる矢印は、和を表している。

フィルター処理では $c_{p,q}$ は固定されており、たとえば、画像から輪郭を検出したければ（4 方向）ラプラシアンフィルター

$$[c_{p,q}] = \begin{pmatrix} 0 & 1 & 0 \\ 1 & -4 & 1 \\ 0 & 1 & 0 \end{pmatrix} \tag{9.1.32}$$

をとって作用させればよい。これは先に見た1次元の離散ラプラシアンC_Lと同様に2階微分を離散化したものになっている。

その他にも、画像処理の教科書を参照すれば画像を平滑化するためのガウシアンフィルターなど、様々なフィルターが列挙されている[66]。

9.2 畳み込みニューラルネット

この節ではニューラルネットにおける畳み込み処理と周辺について説明する。

9.2.1 畳み込みとパディング

ニューラルネットにおける畳み込みは画像x_{ij}に対し、

$$y_{i,j} = \sum_{p=0}^{3-1} \sum_{q=0}^{3-1} c_{p,q} x_{p+i,q+j} \tag{9.2.1}$$

という演算を$c_{p,q}$を学習パラメータにしつつ適用するものである。この処理を行う層のことを畳み込み層と呼ぶ。出てきた$y_{i,j}$に対してもう一度畳み込みを作用させてもよいし、これを1列に並べて、全結合ニューラルネットに入力してもよい*5。畳み込みニューラルネットの学習も全結合ニューラルネットと同様にデルタルールから導出できるが、詳細は他書[45]に譲る。単なるフィルターと違い、$c_{p,q}$は学習パラメータとなっているため、輪郭検出が誤差関数を減らすのに有利な場合には$c_{p,q}$は輪郭検出を行うフィルターに学習の過程で動的に変化していく。逆に言うと学習の結果、$c_{p,q}$がどのようになっているかを見れば、どのような特徴が有用だったかという情報が取り出せることになる。

さてフィルターサイズが$H \times H$だった場合、出力は$(W-H+1) \times (W-H+1)$になり必ず小さくなってしまう。これは畳み込み演算がはみ出さないように、画像の端にフィルターの端が当たったらそこでその行の

*5 最近では、チャンネルの値を平均してしまい、チャンネル数だけの出力次元を残す大域的平均プーリング（Global Average Pooling、GAP）も使われている。

処理を止めてしまうところから来ている。画像の縮小をある程度防ぐのがパディングと呼ばれるテクニックである。パディングは元の画像の外側に何かしらのピクセルを入れて埋めておき、画像サイズを疑似的に大きくしておくものである。たとえばパディングのサイズを P として、外側に額縁のようにピクセルを付け加える状況を考えてみよう。パディングをした画像に畳み込みをした後は $y_{i,j}$ は $(W+2P-H+1)\times(W+2P-H+1)$ というサイズになる。埋め方としては 0 で埋めたり、周期的境界をとったりと様々とることができ、データの種類などに応じて選ぶべきである。

ここでカラー画像の取り扱いを述べよう。パソコンなどの内部では画像は数字の列として格納されるが、カラー画像は 1 ピクセルあたり 3 つの数の組として表される [*6]。3 つは (R,G,B) と組で書かれ、それぞれは $R,G,B=1,\cdots,255$ で表される。各画像の R だけ、G だけのように色ごとに着目したものを**チャンネル**と呼ぶ。各ピクセルあたり 3 つの数字が対応することになるので、たとえば 32×32 のカラー画像があった場合には、全ピクセル数は $32\times32\times3$ となる。

畳み込み処理をする際に 1 枚のフィルターで処理する必然性はなく、複数のフィルターで処理してよい。その複数のフィルターもチャンネルと呼ぶ。

9.2.2 プーリング

上ではフィルタリングとして、内積のように働くもののみを考えていた。これ以外に代表的なものが**プーリング**（pooling）である。

たとえば 30×30 の画像の縮小をしたい場合を考えてみよう。画像を 3×3 の領域に分けて、それぞれの領域でピクセルの値の平均値をとって代表値にしてもよさそうである。画像をこのように縮小すると、全体像を大雑把に保ちながらピクセル数を 10×10 まで減らすことができる。これはある意味で情報を粗視化しているわけである（**ダウンサンプリング**、down sampling)。この操作を**平均プーリング**（average pooling）と呼ぶ。また平均をとらなくてもピクセルの値の最大値をとってもよく、その場合には

*6　ここでは RGB を説明するが、HSV など別の形式で情報を格納してもよい。

最大値プーリング（max pooling）と呼ばれる。

プーリング処理を行う層は典型的に畳み込み処理の後に置かれる。これは畳み込み処理が前に調べたように局所的な情報を拾うので、プーリング層がそれをまとめあげる効果をもつからである。その結果として、畳み込みの結果得られた局所的な情報が多少違う位置に出ても、ニューラルネット全体として同じように機能することができるようになる。

またプーリング層の学習であるが、プーリング層は学習パラメータをもたないので学習のときに更新されることはない。

9.2.3　畳み込みニューラルネット

畳み込みニューラルネットの処理の流れを見ておこう。畳み込みニューラルネットは畳み込み層をもつニューラルネットでそれに伴ってプーリング層を内蔵することが多い。畳み込み層は局所的な情報を拾い、プーリング層は局所的な情報を集める。

畳み込みフィルターのサイズはどれくらい局所的な情報を拾いたいかに対応しており、異なるフィルターサイズを組み合わせてもよい。

畳み込み層はカラー画像のような1ピクセルに多数のチャンネルがあるものでも対応し、チャンネルごとに畳み込みフィルターを保持できる。そのためカラー画像の分類を行うタスクにおいては必須の技術となっている。

畳み込み層やプーリング処理の後には、最後は典型的には全結合ニューラルネットに接続される。その方法は、2次元データである畳み込みやプーリングの出力を1列に並べて単なるベクトルにして（flatten）、全結合ニューラルネットに入力される。すなわち、畳み込みニューラルネットでも全結合ニューラルネットの知見が活かせるのである。

学習や誤差関数については全結合ニューラルネットと同様の議論が可能である。

Column

知能と飛行機

人類は今までの歴史において自然に存在するものをうまく観察・模倣して便利な物を作ってきた。万物の天才と称される**レオナルド・ダヴィンチ**は観察に基づき、流体の仕組みを考察し、その影響からか 15 世紀の人間にもかかわらずヘリコプターのような飛行機械のスケッチを遺している。

有史以来、ダヴィンチだけでなく人類は鳥に憧れて飛行機械を妄想していた。しかし見た目を模倣するだけでは 19 世紀に至るまで作ることができなかった。空を飛ぶには子供が真似をするように、一見すると鳥の羽ばたきが重要なように思える。長い歴史の中で流体力学や数々の実験によって知見を溜め、19 世紀についに羽ばたきではなく、羽の形が重要であると人類は理解したわけである。その最初の人類となったオットー・リリエンタールは羽ばたかない羽をもつハンググライダーを用いて人類初の滑空に成功した。その後のライト兄弟は動力をつけることで人類初の飛行に成功したことは有名な史実である。鳥を観察、模倣することで、原理だけを抽出し、人類は飛行できるようになった。飛行に羽ばたきは要らなかったわけである。また人類は、まだ流体を支配するナビエ・ストークス方程式を解けていないのに飛行機械を作れたことも歴史の面白い点である。

ダヴィンチは脳の知能的な働きにも興味をもっていたようである[67]が、彼は飛行機械と違って人工知能という発想には至っていないようである。アラン・チューリングは具体的に人工知能というものを構想しているが、実現にはもちろん至っていない。鳥と飛行機が違ったように、現在考えている人工知能と人の知能は違うという可能性もある。

案外、飛行機とナビエ・ストークス方程式の関係のように、知能に関する基礎法則や理論が生まれたり解かれたりするより先に、自然を模倣しつつも様々な羽ばたきのような要素を取り除いたシミュレーションなどから知能のようなものが生まれてくるのかもしれない。

第10章 イジング模型の統計力学

この章では最後の章への準備として磁石についての物理、特にイジング模型と呼ばれる古典統計力学の模型を通じて統計力学について学ぶ。ここでの物理を機械学習を用いて調べるのが本書の最終目標となる。

この章の前半では、磁石をミクロの自由度で記述するという話をする。そこでは統計力学が基本言語であるので、その用語も導入する。本書においては統計力学にしても磁石（物理の用語としては磁性体）にしても不完全な導入であるため、本格的に統計力学を知りたい読者は統計力学や磁性体の教科書を適宜参照してほしい。この章の後半では、統計力学系を数値計算で調べる手法を説明する。統計力学系は典型的にミクロ自由度の組み合わせが膨大になるため、工夫をしないと計算は難しい。そこで当該分野でよく使われている手法である（マルコフ連鎖）モンテカルロ法を導入し、実際にPythonで書いたコードを掲載する。このコードとその実行結果を使って最終章の計算を行う[*1]。

*1 イジング模型のモンテカルロ法とデータの前処理部分のコードは https://github.com/akio-tomiya/intro_ml_in_physics に公開されている。

10.1　イジング模型

10.1.1　磁石とスピン

アインシュタインが幼少期に方位磁石を通じて自然界に興味をもったのは有名な話である。古来より、磁石は神秘的なものとして崇められてきており、ルネッサンス以降には方位磁石として航海に欠かせないものとなった。19 世紀以降には、統計力学などによって磁石は一体どういったものなのかを議論できるようになった *2。

まず鉄の磁石を用意したとして、半分に折ってみる。すると半分になった磁石は、それぞれ S 極、N 極をもった小さめの磁石になる。この手続きを繰り返すと、実は原子サイズまで小さい磁石にできてしまう。鉄の原子は小さな磁石であるのだ。その小さな磁石のことを**スピン** *3 と呼ぶことにする。鉄原子のスピンの原因は電子のスピン *4 であり、鉄の原子は多数の電子のスピン（磁気モーメント）が打ち消し合わず、鉄の原子はそれ単体で磁石の性質を示す *5。原子サイズということからも察せられるとおり、磁石の問題を本当に議論するには本質的に量子力学が欠かせないが、本書ではそこへは立ち入らずに議論を進める。

ミクロとマクロをつなげて考えてみる。各鉄原子のスピンの向きが物質全体で揃っているときに全体で磁石の性質を示す。一方で鉄原子のスピンの向きがバラバラになるとスピンが打ち消し合って、物質は全体では磁石としての性質を示さなくなる。鉄のような物質の場合、物質の温度が低いときにはスピン同士は相互作用によって同じ向きへ揃いたがる傾向があるが、物質の温度が高いときには熱ゆらぎのために、ある温度以上では磁石

*2　面白いことに、人類はまだ磁石が何なのかを完全には理解できていない。詳しくは田崎晴明氏の解説記事[68] 等を参照のこと。この小節に書いてあるのは、単なる “お話” である。

*3　正確には磁気モーメントと呼ぶべきであるが、ここではスピンという用語を使う。

*4　ではなぜ電子はスピンをもっているか？ というのは素粒子論の課題である。また、原子核のスピンは効かないのか？ ということは磁性に関する教科書を参照のこと。

*5　実は鉄が磁石として働くのは、原子が磁石の性質をもつことからは説明できないことが知られている。鉄が伝導体（一部の電子が自由に動けること）であること、電子がフェルミ粒子であることなどを駆使しなければ理解できない。鉄が強磁性を示すことを理解するのは難しいので誤魔化して説明を行う。そのため以下の磁性に関する説明は 非常に不正確 である。しかしながら本書は磁性の教科書でないので、この方便を以下でも使っていく。気になる読者は「磁性体の遍歴電子モデル」で調べてみること。

としての性質を示さなくなる。スピンの向きが物質全体で揃っている状態を**秩序相**、スピンの向きが物質全体で揃っていない状態を**無秩序相**と呼ぶ。ここで温度を変えていったときに相が変わることを相転移と呼ぶことにし、相が変わる温度を相転移温度と呼ぶことにしよう。以下では、この様子を近似を使いつつ具体的に見ていくことにしよう。

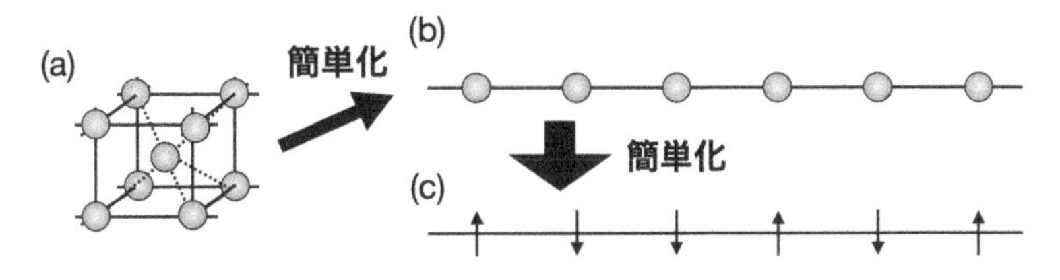

図 10.1　イジング模型を得るための手順の模式図。図（a）と（b）の丸は、鉄などの原子を表し、それぞれが小さな磁石になっている。

ここでは磁石（正確には物理では強磁性体と呼ぶもの）を理解するための近似をする手順を述べる。まず**図 10.1**(a) は、鉄などの原子が集まっている様子（結晶構造）である。図 (a) の丸は鉄などの原子を表し、それぞれが小さな磁石であることは前に述べたとおりである。まず結晶構造を無視して、1 次元の問題、すなわち鎖状に原子が並んだ模型に置き換えてしまう（**図 10.1**(b)）。さらに原子を z 軸を向く上向きか下向きを示す 1 つのスピンに置き換えてしまう（**図 10.1**(c)）。また全ての量子効果を無視することにする。このような模型を 1 次元**イジング模型**という [*6]。今は 1 次元の問題に置き換えたが、2 次元に置き換えて同じ近似をしてもよい（2 次元イジング模型）。ここまで簡単化すると以下のような議論が可能になる。

1 次元に話を戻す。たとえば長さ L の線分の上に等間隔に点を打ってその上にスピンを載せた 1 次元イジング模型を考えよう。1 次元イジング模型は次のエネルギー関数（ハミルトニアン）で記述される。

*6　このような近似をした結果、伝導電子がいなくなっている。つまりイジング模型は絶縁体である。またもう少し現実に近づけた模型としてハイゼンベルク模型やハバード模型もある[69]。

$$E^{1\mathrm{D}}[C] = -J\sum_{i=1}^{L-1} s_i s_{i+1} - h\sum_{i=1}^{L} s_i \tag{10.1.1}$$

ここで $i = 1, 2, \cdots, L$ で $s_i = \pm 1$ であり、これがスピンの上向き $(+1)$ と下向き (-1) を表す。また h は実数で外部磁場の大きさを表す。**図 10.1** の (c) が対応する図である。端のスピンは $s_L = s_1$ としておいて周期的境界条件を置いておこう *7。$J > 0$ の場合には s_i の符号が揃った方がエネルギーが下がるので磁石のような性質（強磁性）を示すと考えられる。これを温度の効果も込めて議論できるようにするのが統計力学である。

以下ではまず簡単のために $J = 0$ のイジング模型を通して、統計力学の考え方を導入する。

10.1.2 統計力学入門

相互作用のないイジング模型を取り上げて、統計力学の感覚を掴んでいこう *8。もし統計力学について知っている読者は、次の節に進んでよい。

i, j をサイトの番号としよう。サイトとは、**図 10.2** の左図なら黒丸の位置、右図なら正方形の各頂点のことである。サイトには図にあるとおり番号付けができるので，それを i, j という変数で書くことにする。サイト i にあるスピンを s_i とし、$s_i = \pm 1$ をとるとする。$s_i = +1$ は上向きスピン、$s_i = -1$ は下向きスピンとする。さらにスピン配位というものを導入しよう。スピンが 3 つのときには、

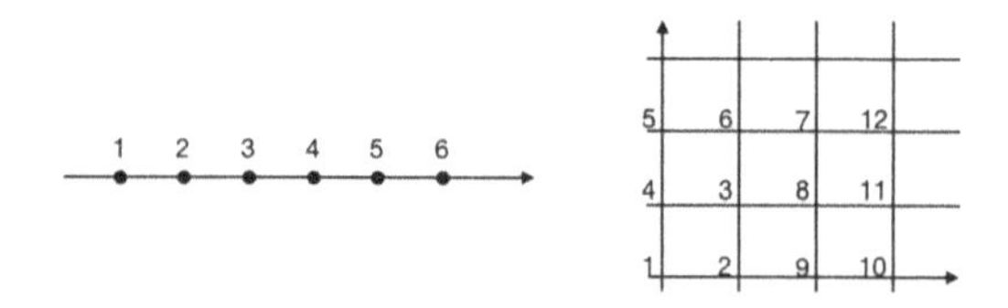

図 10.2 1 次元と 2 次元の格子点の番号付けの例。

*7 実際の物質は、アボガドロ数オーダーの原子が並ぶため、L は無限だと思ってよい。そのときには普通、境界条件は無視できる。

*8 より深く統計力学を知りたい読者は [70, 71] などを参照のこと。

$$\uparrow\uparrow\uparrow,\ \uparrow\uparrow\downarrow,\ \uparrow\downarrow\uparrow,\ \uparrow\downarrow\downarrow \tag{10.1.2}$$

$$\downarrow\uparrow\uparrow,\ \downarrow\uparrow\downarrow,\ \downarrow\downarrow\uparrow,\ \downarrow\downarrow\downarrow \tag{10.1.3}$$

の組み合わせがあり、このスピンの3つ組を**スピン配位**と呼ぶ。以下ではスピン配位を C という文字で表すことにする。

次に外部磁場がある場合のエネルギーを議論しよう。z 軸に沿って外部磁場 h をかけたとき、$E^{\mathrm{free}}[C] = -h\sum_{i=1}^{L} s_i$ のエネルギーをもつ。このときに全体のエネルギーは、全ての可能なスピン配位では

$$E^{\mathrm{free}}[\uparrow\uparrow\uparrow] = -h - h - h = -3h \tag{10.1.4}$$

$$E^{\mathrm{free}}[\uparrow\uparrow\downarrow] = -h - h + h = -h \tag{10.1.5}$$

$$E^{\mathrm{free}}[\uparrow\downarrow\uparrow] = -h + h - h = -h \tag{10.1.6}$$

$$E^{\mathrm{free}}[\uparrow\downarrow\downarrow] = -h + h + h = h \tag{10.1.7}$$

$$E^{\mathrm{free}}[\downarrow\uparrow\uparrow] = +h - h - h = -h \tag{10.1.8}$$

$$E^{\mathrm{free}}[\downarrow\uparrow\downarrow] = +h - h + h = h \tag{10.1.9}$$

$$E^{\mathrm{free}}[\downarrow\downarrow\uparrow] = +h + h - h = h \tag{10.1.10}$$

$$E^{\mathrm{free}}[\downarrow\downarrow\downarrow] = +h + h + h = 3h \tag{10.1.11}$$

となる。

温度が T のときにスピン配位 C の実現確率は、統計力学に従えば、k_{B} をボルツマン定数として *9

$$P[C] = \frac{1}{Z}\mathrm{e}^{-\frac{1}{k_{\mathrm{B}}T}E^{\mathrm{free}}[C]} \tag{10.1.12}$$

で与えられる *10。ここで Z は規格化定数で

$$Z = \sum_{C}\mathrm{e}^{-\frac{1}{k_{\mathrm{B}}T}E^{\mathrm{free}}[C]} \tag{10.1.13}$$

であり、専門用語で**分配関数**と呼ばれる *11。また $\sum_{C}$ はスピン配位全てに

*9 なぜこの関数形でいいのかについては統計力学の教科書、特にカノニカルアンサンブルの項目を参照のこと。

*10 この表式は、ソフトマックス関数に類似している。

*11 規格化定数 Z は温度に関して関数になっている。

関する和で、今の 3 スピンの場合だと (10.1.4)–(10.1.11) で挙げた $2^3 = 8$ 通りの和となる。以降、簡単のために逆温度 $\beta = \frac{1}{k_{\mathrm{B}}T}$ を導入し、温度の代わりに使っていく。また $k_{\mathrm{B}} = 1$ となる単位系を使うことにする（すなわち $\beta = 1/T$ である）。

統計力学では、物理量は上の確率分布を使った期待値で与えられる。たとえばスピンの合計が磁石としての強さを表すので、

$$m[C] = \frac{1}{L}\sum_{i=1}^{L} s_i \tag{10.1.14}$$

のような物理量を考えられる *12。これは（スピンあたりの平均）磁化と呼ばれる。これもある逆温度 β のときには期待値で計算されて

$$\mathbb{E}\left[m[C]\right] \equiv \frac{1}{Z}\sum_{C}\frac{1}{L}\sum_{i} s_i \mathrm{e}^{-\beta E[C]} = \sum_{C}\frac{1}{L}\sum_{i=1}^{L} s_i P[C] \tag{10.1.15}$$

となる。

具体的にスピン配位の実現確率は、

$$P[\uparrow\uparrow\uparrow] = \frac{1}{Z}\mathrm{e}^{\beta 3h},\ P[\uparrow\uparrow\downarrow] = \frac{1}{Z}\mathrm{e}^{\beta h},\ P[\uparrow\downarrow\uparrow] = \frac{1}{Z}\mathrm{e}^{\beta h},\ P[\uparrow\downarrow\downarrow] = \frac{1}{Z}\mathrm{e}^{-\beta h},$$
$$P[\downarrow\uparrow\uparrow] = \frac{1}{Z}\mathrm{e}^{\beta h},\ P[\downarrow\uparrow\downarrow] = \frac{1}{Z}\mathrm{e}^{-\beta h},\ P[\downarrow\downarrow\uparrow] = \frac{1}{Z}\mathrm{e}^{-\beta h},\ P[\downarrow\downarrow\downarrow] = \frac{1}{Z}\mathrm{e}^{-3\beta h}$$

である。以上から、この例では $h > 0$ では $\uparrow\uparrow\uparrow$ である状態が最も実現確率が高く、$\downarrow\downarrow\downarrow$ である状態が実現確率が低い。また期待値の計算では全てのスピン配位が寄与することに注意する。

10.1.3 1 次元イジング模型

ここでは $J = 1$ とした 1 次元イジング模型を説明する。エネルギー関数（ハミルトニアン）は (10.1.1) である。まず、後で使うので磁化が分配関数の対数をとったものの h についての偏微分から定まることを見ておこう。

*12 確率、統計学の記法に準じるなら左辺の m は大文字にして確率変数であることを強調すべきであるが、ここでは物理の記法に従った。

$$\mathbb{E}[m] = \frac{1}{\beta L}\frac{\partial}{\partial h}\log(Z) \tag{10.1.16}$$

$$= \frac{1}{Z}\sum_C m[C]\mathrm{e}^{-\beta E^{1\mathrm{D}}[C]} = \sum_C m[C]P[C] \tag{10.1.17}$$

再び 3 スピンの場合を考えよう。実現確率を求めるためにまずエネルギーを求める。たとえば ↑↑↑ のとき、

$$E^{1\mathrm{D}}[\uparrow\uparrow\uparrow] = -(s_1 s_{1+1} + s_2 s_{2+1} + s_3 s_{3+1}) - h(s_1 + s_2 + s_3) \tag{10.1.18}$$

$$= -(1\times 1 + 1\times 1 + 1\times 1) - h(1+1+1) = -3 - 3h \tag{10.1.19}$$

とわかる。同様に、

$$E^{1\mathrm{D}}[\uparrow\uparrow\downarrow] = -1 - h,\ E^{1\mathrm{D}}[\uparrow\downarrow\uparrow] = -1 - h \tag{10.1.20}$$

$$E^{1\mathrm{D}}[\uparrow\downarrow\downarrow] = 1 + h,\ E^{1\mathrm{D}}[\downarrow\uparrow\uparrow] = -1 - h \tag{10.1.21}$$

$$E^{1\mathrm{D}}[\downarrow\uparrow\downarrow] = 1 + h,\ E^{1\mathrm{D}}[\downarrow\downarrow\uparrow] = 1 + h \tag{10.1.22}$$

$$E^{1\mathrm{D}}[\downarrow\downarrow\downarrow] = -3 + 3h \tag{10.1.23}$$

とわかる。ここからさらにそれぞれのスピン配位の実現確率は、

$$P[\uparrow\uparrow\uparrow] = \frac{1}{Z}\mathrm{e}^{-\beta(-3-3h)},\ P[\uparrow\uparrow\downarrow] = \frac{1}{Z}\mathrm{e}^{-\beta(-1-h)},\ P[\uparrow\downarrow\uparrow] = \frac{1}{Z}\mathrm{e}^{-\beta(-1-h)} \tag{10.1.24}$$

$$P[\uparrow\downarrow\downarrow] = \frac{1}{Z}\mathrm{e}^{-\beta(1+h)},\ P[\downarrow\uparrow\uparrow] = \frac{1}{Z}\mathrm{e}^{-\beta(-1-h)},\ P[\downarrow\uparrow\downarrow] = \frac{1}{Z}\mathrm{e}^{-\beta(1+h)} \tag{10.1.25}$$

$$P[\downarrow\downarrow\uparrow] = \frac{1}{Z}\mathrm{e}^{-\beta(1+h)},\ P[\downarrow\downarrow\downarrow] = \frac{1}{Z}\mathrm{e}^{-\beta(-3+3h)} \tag{10.1.26}$$

となる。$J=0$ と比べると相互作用 $J=1$ の効果によって実現確率の偏りが変わっている。

平均場近似

次に**平均場近似**（mean field approximation）を行って、イジング模型の性質の概観を掴んでいこう。先に注意しておくが、1 次元イジング模型

に平均場近似を使った結果は定性的にも誤っており、統計力学の雰囲気を掴む目的にのみ使える[72]。

まず 1 次元イジング模型のエネルギー関数（ハミルトニアン）は

$$E^{1\mathrm{D}}[C] = -\sum_{i=1}^{L} s_i s_{i+1} - h \sum_{i=1}^{L} s_i$$

であった。平均場近似は、相互作用項で各スピンは平均磁化 m と相互作用しているとみなすものである。具体的には、エネルギー関数（ハミルトニアン）の中に $s_i s_j$ という項があったときに

$$s_i s_j \to s_i m. \tag{10.1.27}$$

とする近似である。サイト i の最近接点（隣り合っている点）の数を ξ とすると、エネルギー関数（ハミルトニアン）は、

$$E^{1\mathrm{D}}[C] \approx -\sum_{i=1}^{L} \xi s_i m - h \sum_{i=1}^{L} s_i = \sum_{i=1}^{L} \varepsilon_{\mathrm{MF},i}^{1\mathrm{D}}[C] \tag{10.1.28}$$

と書ける。ここで $\varepsilon_{\mathrm{MF},i}^{1\mathrm{D}}$ はサイト i ごとのエネルギーである。また 1 次元の場合 $\xi = 2$ なので以下では $\xi = 2$ とする。すなわち 1 次元の場合のサイトごとのエネルギーは平均場近似で $\varepsilon_{\mathrm{MF},i}^{1\mathrm{D}}[C] = (-2m - h)s_i$ である。平均場近似では今の m が期待値として求まる m と同じになるように要求する（自己無撞着(むどうちゃく)条件）。まず 1 サイトあたりの分配関数 z を計算すると、

$$\begin{aligned} z &= \sum_{s_i = \pm 1} \mathrm{e}^{-\beta \varepsilon_{\mathrm{MF},i}^{1\mathrm{D}}[C]} && (10.1.29) \\ &= \sum_{s_i = \pm 1} \mathrm{e}^{\beta(2m+h)s_i} && (10.1.30) \\ &= \mathrm{e}^{\beta(2m+h)} + \mathrm{e}^{-\beta(2m+h)} && (10.1.31) \\ &= 2\cosh(2\beta m + \beta h) && (10.1.32) \end{aligned}$$

とわかる。ここから磁化の期待値は、1 スピンあたりの分配関数を h で偏微分することにより、

$$\mathbb{E}[m] = \frac{1}{\beta z} \frac{\partial}{\partial h} z, \tag{10.1.33}$$

$$= \frac{1}{\beta z}\frac{\partial}{\partial h}2\Big(\cosh(2\beta m + \beta h)\Big) \tag{10.1.34}$$

$$= \frac{1}{\beta z}2\Big(\beta\sinh(2\beta m + \beta h)\Big) \tag{10.1.35}$$

$$= \tanh(2\beta m + \beta h) \tag{10.1.36}$$

と得られる。ここからセルフコンシステント（self-consistent、自己無撞着）方程式は、

$$m = \tanh(2\beta m + \beta h) \tag{10.1.37}$$

である。この解を求めるには、

$$\begin{cases} y = m \\ y = \tanh(2\beta m + \beta h) \end{cases} \tag{10.1.38}$$

という連立方程式を解けばよいが、ここでは図を用いて見てみよう。

図 10.3 の左図は上の方程式を $\beta = 0.25$ と $\beta = 1.5$、$h = 0$ の場合に図示したものである。$y = m$ と $y = \tanh(2\beta m)$ の交点が解となる。$\beta = 0.25$（$T = 4$）の場合、交点は $m = 0$ のみである。一方で $\beta = 1.5$（$T \approx 0.66$）の場合、交点は $m = 0$ 以外にもう 2 点の交点 $m \neq 0$ がある。m は磁石の強さである平均磁化だったので、イジング模型は高温で $m = 0$ だが低温で $|m| > 0$ となり、相転移がある！ と結論づけそうになる。残念ながら 1 次元イジング模型の場合には、近似によらない厳密解が知られており、相転移はないことが知られている。つまりこの相転移は近似によって生み出された人工物である。

ここで上の解析についてコメントしておく。まず第一に、空間の次元が高い極限では、平均場近似の解析は正しいことが知られている。2 次元以上のイジング模型では定性的に正しく、イジング模型の相転移の様子を直観的に見ることができ、**図 10.3** の右図と同じような図が得られる。また 2 次元イジング模型の厳密解に従うと、相転移は存在する [*13]。この点は最後の章で数値実験を通して見ていくことになる。またニューラルネットワー

*13 たとえば[73] などを参照のこと。

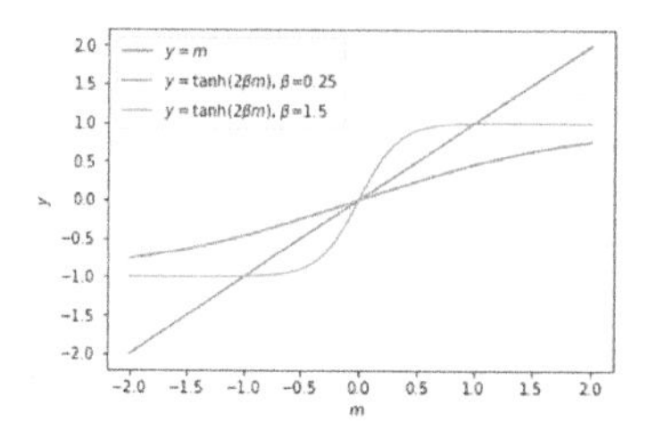

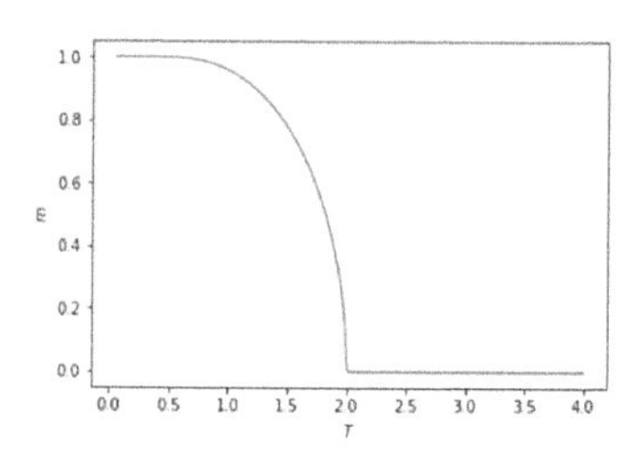

図 10.3　1 次元イジング模型の平均場近似。（左図）β を変えたときの (10.1.38) の振る舞い。β が大きい、つまり T が小さいときに $m \neq 0$ の交点がある。（右図）式 (10.1.38) の解のうち、正の m を T の関数として書いたもの。低温で $m > 0$ となっている。

クの解析においても、この種の平均場近似が存在し、ニューラルネットワークの相図ということを通して学習の効率化などが議論されている[16–19]。

ここで改めて、低温（$\beta = 1/T$ が大きい）のときに $m \neq 0$ となる相、つまりスピンが揃っている相ということで秩序相、高温（$\beta = 1/T$ が小さい）のときに $m = 0$ となる相、つまりスピンがバラバラを向いている相ということで無秩序相と呼ぶことにする。

10.1.4　2 次元イジング模型

簡単に知られている事項をまとめる。格子点の数が L^2 であるような **2 次元イジング模型**のエネルギー関数（ハミルトニアン）は、

$$E^{2\mathrm{D}}[C] = -\sum_{i=1}^{L^2} \sum_{j \in \mathcal{N}(i)} s_i s_j - h \sum_{i=1}^{L^2} s_i \tag{10.1.39}$$

である。ここで i はサイトの番号、$\mathcal{N}(i)$ はサイト i の最近接サイトの集合である。これはたとえば 2 次元正方イジング模型の場合は 4 つあり、2 次元三角イジング模型の場合は 6 つある。**図 10.4** は 2 次元正方イジング模型と 2 次元三角イジング模型の模式図である。図の白抜きの丸は、着目している格子点で、線でつながっている黒丸がそれぞれ 4 つと 6 つであることがわかる。以下では、原則として外部磁場 $h = 0$ とする。

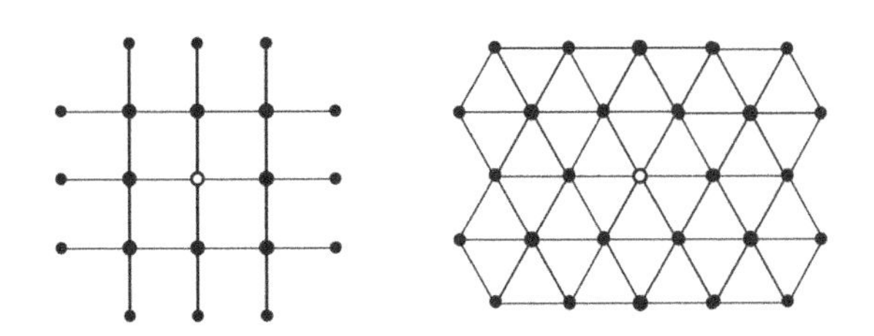

図 10.4 2次元イジング模型の代表的な格子構造。左が正方イジング模型で右が三角イジング模型である。

2次元イジング模型は厳密解が知られている *14。たとえば正方イジング模型の場合は相転移（逆）温度は $\beta = \frac{1}{2}\log(\sqrt{2}+1) = 0.440\cdots$ であり、三角イジング模型の相転移温度は $\beta = \frac{\log 3}{4} = 0.27\cdots$ である。次章では正方イジング模型の相転移温度をニューラルネットを用いて調べていくことになる。

次章への準備として、イジング模型のデータを用意する手法であるモンテカルロ法を説明する。

10.2 イジング模型のモンテカルロ法

モンテカルロ法とは乱数を使って積分や和を行う手法である。ここでは期待値の和を乱数を用いて調べる *15。統計力学では上で述べたように組み合わせ爆発が起こっており、全ての状態の足し上げは困難である。そこであるスピン配位 C の実現確率を

$$P(C) = \frac{1}{Z}\mathrm{e}^{-\beta E[C]} \tag{10.2.1}$$

として確率的にスピン配位 C を生成して、生成したスピン配位 C を使った平均を用いて期待値を推定する手法をとる。

しかしスピン配位 C の実現確率 (10.2.1) は直接は計算できない。なぜ

*14 実は2次元イジング模型の場合、クラマースワニア双対性（Kramers–Wannier duality）を使うと厳密解に頼らずとも相転移温度が求まることが知られている。低温相と高温相に対応をつけ、それらの変換式の不動点が相転移温度になる[73, 74]。

*15 詳細はこの本のレベルを超えるので前著[1] や数値計算の教科書を参照してほしいがここでは簡単化したものを説明する。

なら分母にある分配関数 Z を計算するためには、結局全ての組み合わせをとる必要があるからである。そこで、分配関数 Z を計算を避けてスピン配位を生成できる手法であるマルコフ連鎖モンテカルロ法（Markov chain Monte-Carlo）を以下で説明する [*16]。

10.2.1 マルコフ連鎖モンテカルロ法

今、調べたい期待値は一般的に

$$\mathbb{E}[f(C)] = \sum_{C} f(C)P(C) \tag{10.2.2}$$

と書ける。ここで $f(C)$ は配位の関数で、たとえば上で説明した磁化率などである。また $\sum_{C}$ は全ての可能なスピン配位についての足し上げを表す。格子点の数が K 個であるときのイジング模型なら 2^K 個の足し算になる。これを

$$\mathcal{C} = \{C_1, C_2, C_3, \cdots\} \tag{10.2.3}$$

という 2^K 個よりもずっと短い列の平均に置き換え、

$$\mathbb{E}[f(C)] \approx \frac{1}{|\mathcal{C}|} \sum_{C_k \in \mathcal{C}} f(C_k) \tag{10.2.4}$$

を代わりに評価したい。ここで $|\mathcal{C}|$ は配位の数を表す。もちろん適当に作った列では正しい期待値を与えないが、以下を満たす $P(C_a|C_b)$ に従って C を生成すれば正しい期待値を与えることが知られている。

$$P(C_a|C_b)P(C_b) = P(C_b|C_a)P(C_a) \tag{10.2.5}$$

証明は大数の法則による [*17]。ここの条件付き確率 $P(C_a|C_b)$ は遷移確率といわれ、この式は詳細釣り合い（detailed balance）の式と呼ばれてい

*16 ベイズ統計における事後分布の計算では、同じような問題が起こるためやはりマルコフ連鎖モンテカルロ法を使って事後分布を計算する。詳しくは[17, 75, 76] を参照のこと。

*17 前著参照[1]。また正しい期待値を得るためには実は付加的な条件が必要であるが詳細になるためにここでは省略する。後に示すアルゴリズムはそれらの条件も満たす。

る。乱数を使ったアルゴリズムをモンテカルロ法と呼ぶが、上記のような確率的に配位の列を作るアルゴリズムを**マルコフ連鎖モンテカルロ法**という [*18]。

ここで、$\mathbb{E}[f(C)]$ のモンテカルロ法による推定の精度について述べておこう。まずマルコフ連鎖モンテカルロ法において統計誤差は、C のとりうる場合の数に依存せず、また大きさは $O(1/\sqrt{|\mathcal{C}|})$ であることが知られている。一方で、実際には系のパラメータを相転移点近くにとったときには配位の間に相関が生まれ、同じ数の配位を使っていても相関の分だけ誤差が拡大されることが知られている（臨界減速）。そのため相転移点の周りでは配位を多めに作らないと相転移から離れたパラメータと同じ程度の統計誤差にならない。

詳細釣り合いを満たす限り $P(C_a|C_b)$ は自由であるので、以下で代表的な 2 つを導出してみよう。

イジング模型に対するメトロポリス法

マルコフ連鎖モンテカルロ法の中で最もシンプルな手法であるメトロポリス法（Metropolis method）を見ていこう [*19]。逆温度を β とする。ある配位 C_b と配位 C_a を比較したときに C_a のエネルギーが低い場合 $E(C_b) > E(C_a)$ を考えてみよう。この場合は C_a の方がエネルギー的に安定なので、C_b から C_a への遷移確率を

$$P(C_a|C_b) = 1 \tag{10.2.6}$$

ととろう（アルゴリズムの話なので、そのように自由に遷移確率を決めてよい）。このときに詳細釣り合いの式は

$$P(C_b) = P(C_b|C_a)P(C_a) \tag{10.2.7}$$

となる。さらに、$P(C_a) \propto \exp\left[-\beta E(C_a)\right]$ と $P(C_b) \propto \exp\left[-\beta E(C_b)\right]$ と

*18 この言い方は若干不正確である。確率的な遷移がマルコフ連鎖になっている必要がある。

*19 筆者は、最初に習ったときに人物の名前であることに気づかなかった。ニコラス・メトロポリス（Nicholas Metropolis）という 20 世紀の物理学者である。似たような例としてポインティングベクトルのポインティング（John Poynting）、ハミング符号のハミング（Richard Hamming）やグリーン関数のグリーン（George Green）などがある。

とると、C_a から C_b の遷移確率が決まってしまい、

$$P(C_b|C_a) = \frac{\exp\left[-\beta E(C_b)\right]}{\exp\left[-\beta E(C_a)\right]} = \exp\left[-\beta\Big(E(C_b) - E(C_a)\Big)\right] \quad (10.2.8)$$

となる。

C_a と C_b はどちらがどちらでもよかったのでエネルギーを比べて、エネルギーが下がるときに遷移確率を 1、上がるときには、エネルギー差に負符号をつけて指数関数の肩に乗せたものにすればよい。

結局、C_a から C_b の遷移確率として

$$P(C_b|C_a) = \begin{cases} \exp\left[-\beta\Big(E(C_b) - E(C_a)\Big)\right], & E(C_b) > E(C_a) \text{ のとき} \\ 1, & E(C_b) < E(C_a) \text{ のとき} \end{cases} \quad (10.2.9)$$

ととると詳細釣り合いの式を満たすことになる。このアルゴリズムをメトロポリス法と呼ぶ。ここで分配関数 Z の計算が必要なかった点に注意しよう。

メトロポリス法をイジング模型に適用する場合の手順をまとめておこう。計算を始める前に系のパラメータ（たとえば逆温度 β や体積など）を定めておく必要がある。

1. 適当な配位 C_1 を用意する。何でもよく、たとえば全て上向きスピン配位などでよい。
2. 以下を $i = 1, 2, 3, \cdots, N_{\text{conf}}$ まで繰り返す。

   (a) C_i のあるサイトのスピンを反転し、その配位を C'_i とおく。
   (b) エネルギー $E(C_i)$ と $E(C'_i)$ を計算する。
   (c) $E(C_i) > E(C'_i)$ なら $C_{i+1} = C'_i$ とし、$i \to i+1$ とおいて（a）へ戻る（受理（accept）と呼ばれる）。
   (d) 乱数 $r \in [0, 1]$ を用意し、$\Delta E = E(C'_i) - E(C_i)$ に対して $r < \exp(-\beta \Delta E)$ ならば $C_{i+1} = C'_i$ とし、$i \to i+1$ とおいて（a）へ戻る（受理（accept）と呼ばれる）。
   (e) $C_{i+1} = C_i$ とし、$i \to i+1$ とおいて (a) へ戻る（棄却（reject）と呼ばれる）。

ここで注意であるが、「棄却」は提案された配位を使わずに前の配位をそのまま次の配位として受け入れるという意味であり、提案をやり直すという意味ではない。

上記の手順に従うと、配位の列

$$\mathcal{C} = \{C_1, C_2, C_3, \cdots, C_{N_{\mathrm{conf}}}\} \tag{10.2.10}$$

が得られる。しかし最初の方の配位は初期配位の影響を受けているため、期待値の計算に含めてはいけない。たとえば $N_{\mathrm{disc}}(1 < N_{\mathrm{disc}} \ll N_{\mathrm{conf}})$ 番目（disc は discard の略）まで除いたとすると、

$$\mathbb{E}[f(C)] \approx \frac{1}{N_{\mathrm{conf}} - N_{\mathrm{disc}}} \sum_{k=N_{\mathrm{disc}}}^{N_{\mathrm{conf}}} f(C_k) \tag{10.2.11}$$

のように期待値が計算できる。N_{disc} は配位ごとの物理量を観察して初期配位の影響がなくなったあたりの番号をとればよい *20。

ベイズ統計の文脈で使われる **HMC**（ハミルトニアン／ハイブリッド モンテカルロ、Hamiltonian/Hybrid Monte-Carlo）もメトロポリス法の一種であるため、上記を理解することが HMC の理解へつながる *21。

イジング模型の熱浴法

次に**熱浴法**（heatbath algorithm）を見ていこう[78]。このアルゴリズムは機械学習の文脈では**ギブスサンプリング**（Gibbs sampling）と呼ばれる[79]。熱浴法はある 1 自由度を、その周りの自由度を熱浴とみなして更新するマルコフ連鎖モンテカルロ法の一種である。

たとえば状況としては、お湯の入った浴槽（bath）に小さな水風船を浮かべると、水風船の温度と浴槽の温度に従って水風船の温度が決まるわけだが、浴槽側への影響はほとんど無視できるような感じである。もちろんここでお湯の入った浴槽が熱浴（heatbath）に対応する。

熱浴法は条件付き確率

*20 初期配位依存性の話は前著参照のこと[1]。

*21 ちなみに HMC は元々、素粒子物理の一分野である格子 QCD の計算の効率化のために開発された[77]。

$$P(A|B) = \frac{P(A,B)}{P(B)} \tag{10.2.12}$$

から導出される。熱浴法は着目するサイト j 以外を熱浴とみなし、着目するサイト j がどうなるかを条件付き確率に従って決める。

たとえば、

$$A = A_j: \ \text{サイト } j \text{ にあるスピンの状態} \tag{10.2.13}$$

$$B: \ \text{サイト } j \text{ 以外のスピンの状態} \tag{10.2.14}$$

とみなすと、上記のセットアップが実現できるので具体的に構成していく。

ある配位を与える確率は統計力学からわかるが、ここではあえて同時確率として

$$P(A_j, B) = \frac{1}{Z}\exp\left[-\beta J s_j \sum_{k\in\mathcal{N}(j)} s_k + (s_j \text{ を含まない項})\right] \tag{10.2.15}$$

と書こう。ここでサイト j の最近接サイトをまとめて $\mathcal{N}(j)$ と書いた。

A_j の状態（サイト j のスピン状態）を足し上げて周辺化した確率 $P(B)$ は、$P(B) = \sum_{A_j} P(A_j, B)$ を使うと A_j は $s_j = \{+1, -1\}$ をとるので、全部足し上げて

$$P(B) = \frac{1}{Z}\sum_{s_j=\pm 1}\exp\left[-\beta J s_j \sum_{k\in\mathcal{N}(j)} s_k + (s_j \text{ を含まない項})\right] \tag{10.2.16}$$

とわかる。ここから条件付き確率 $P(A_j|B)$ は、ただちに定義 $P(A_j|B) = P(A_j, B)/P(B)$ から

$$P(A_j|B) = \frac{1}{Z}\exp\left[-\beta J s_j \sum_{k\in\mathcal{N}(j)} s_k + (s_j \text{ を含まない項})\right] \Bigg/ \frac{1}{Z}\sum_{s_j=\pm 1}\exp\left[-\beta J s_j \sum_{k\in\mathcal{N}(j)} s_k + (s_j \text{ を含まない項})\right] \tag{10.2.17}$$

$$= \exp\left[-\beta J s_j \sum_{k\in\mathcal{N}(j)} s_k\right] \Bigg/ \sum_{s_j=\pm 1} \exp\left[-\beta J s_j \sum_{k\in\mathcal{N}(j)} s_k\right] \tag{10.2.18}$$

$$= \exp\left[-\beta J s_j \sum_{k\in\mathcal{N}(j)} s_k\right] \Bigg/ \left(\exp\left[-\beta J(+1) \sum_{k\in\mathcal{N}(j)} s_k\right] + \exp\left[-\beta J(-1) \sum_{k\in\mathcal{N}(j)} s_k\right]\right) \tag{10.2.19}$$

となる。最後の式を見ると、サイト j の周りのスピン配位だけでサイト j の状態が決まることになる。ここでもメトロポリス法と同様に分配関数 Z の計算が必要ない点に注意しよう *22。

たとえば、サイト j のスピンが $+1$ である確率は

$$P(s_j = +1|B) = \frac{\exp\left[\beta J \sum_{k\in\mathcal{N}(j)} s_k\right]}{\exp\left[\beta J \sum_{k\in\mathcal{N}(j)} s_k\right] + \exp\left[-\beta J \sum_{k\in\mathcal{N}(j)} s_k\right]} \tag{10.2.20}$$

となる。なのでこの確率に従って次の配位におけるサイト j のスピンを決定（更新）すればよい。この確率の評価は、メトロポリス法の乱数を使っている箇所と同じように乱数を用いて評価すればよい。また $P(s_j = -1|B) = 1 - P(s_j = +1|B)$ である。そして空間全部のスピンについて繰り返せば次の配位が得られる。

詳細釣り合いの式を示しておこう [80]。サイト j のスピンの更新式を象徴的に

$$P_j(C'|C) = \mathcal{N} P(C') \prod_{k\neq j} \delta_{s'_k, s_k} \tag{10.2.21}$$

と書いておこう。ここで $\mathcal{N}$ は規格化因子で、$\delta_{s'_k, s_k}$ はクロネッカーのデルタである。この式は (10.2.17) に対応する。ここからサイト j に関する詳

*22 ただし熱浴法の場合は、条件付き確率が上で見たような簡単化をしない場合には適用できない。すなわち、着目している自由度が離れた点とうまく分離している必要がある。

細釣り合いの式は、

$$P(C)P_j(C'|C) = P(C)\mathcal{N}P(C')\prod_{k\neq j}\delta_{s'_k,s_k} \tag{10.2.22}$$

$$= P(C)\mathcal{N}P(C')\prod_{k\neq j}\delta_{s_k,s'_k} \tag{10.2.23}$$

$$= P(C')P_j(C|C') \tag{10.2.24}$$

となり成立する。一方でサイト全体に関する詳細釣り合いは一般には成立するとは限らないが、多くの場合収束する [*23]。また熱浴法は棄却する過程がないため、配位を効率良く生成できることが知られている。

また得られた配位を使って期待値を計算するには、メトロポリス法の項目で説明したのと同じように行えばよい。

10.3 熱浴法の Python コードとデータの準備

10.3.1 熱浴法の Python コード

ここでは 2 次元正方イジング模型の配位を作る Python コードを記しておく [*24]。また三角イジング模型を生成するコードへの改造は簡単で、上で説明した最近接サイトに関する部分を変えればよい。コードの中では、簡単に $J=-1$ ととった。

ソースコード 10.1

```
1 # 2d Ising model
2 import math
3 import random
4 import matplotlib.pyplot as plt
5 import numpy as np
6 # tqdm はプログレスバーを表示するためのライブラリ
7 from tqdm.notebook import tqdm
```

*23 また、更新するサイト番号はエルゴード性を満たすようにとるべきである。
*24 何の工夫もないコードであるので、改良の余地は多分にあると思われる。

```
8
9  # 周期的境界条件を考慮してサイトの移動を管理
10 def xup(x):
11   x+=1
12   if x>=L[0]:
13     x-=L[0]
14   return x
15 def yup(y):
16   y+=1
17   if y>=L[1]:
18     y-=L[1]
19   return y
20 def xdn(x):
21   x-=1
22   if x<0:
23     x+=L[0]
24   return x
25 def ydn(y):
26   y-=1
27   if y<0:
28     y+=L[1]
29   return y
30
31 # ある点 (x,y)の上下左右のスピンを合計する
32 def spin_sum(sc,x,y):
33   h=0
34   h+=sc[xup(x)][y]
35   h+=sc[xdn(x)][y]
36   h+=sc[x][yup(y)]
37   h+=sc[x][ydn(y)]
38   return h
39
40 # ある点 (x,y)の熱浴法を行う
41 def heatbath_local(beta,hz,sc,x,y):
```

```
42    h = spin_sum(sc,x,y)-hz
43    # このサイトが次に s=+1 となる確率を計算する
44    p = math.exp(beta*h)/(math.exp(beta*h) + math.exp(-beta*h
        ))
45    r = random.random()
46    # 確率に基づいてランダムに s を決定する
47    if r < p: # success
48      sc[x][y]=1
49    else:
50      sc[x][y]=-1
51    return sc
52
53  # 全ての (x,y)に対して熱浴法を行う
54  def heatbath(beta,hz,sc):
55    xlist = list(range(L[0]) )
56    random.shuffle(xlist)
57    ylist = list(range(L[1]) )
58    random.shuffle(ylist)
59    for x in xlist:
60      for y in ylist:
61        sc = heatbath_local(beta,hz,sc,x,y)
62    return sc
63
64  # 磁化率を計算する
65  def magnetization(sc):
66    m = 0
67    for x in range(L[0]):
68      for y in range(L[1]):
69        m+=sc[x][y]
70    return m/(L[0]*L[1])
71
72  # モンテカルロ法の初期配位をセットする
73  def init_conf_cold():
74    sc = [[1] * L[1] for i in range(L[0])]
```

```
75   return sc
76
77 def init_conf(init="cold"):
78   sc = init_conf_cold()
79   if init=="cold":
80     return sc
81   for x in range(L[0]):
82     for y in range(L[1]):
83       r = random.random()
84       if r<0.5:
85         sc[x][y]=1
86       else:
87         sc[x][y]=-1
88   return sc
```

使用法であるが、上のコードを実行後に同じノートブックで

ソースコード 10.2

```
1 L = [32,32]
2 beta = 0.440687
3 hz = 0.0
4 Nsweep = 10**3
5 #
6 sc = init_conf()
7 mctime=[];mag_hist=[]
8 for isweep in tqdm(range(Nsweep)):
9   sc = heatbath(beta,hz,sc)
10   mag=magnetization(sc)
11   mctime.append(isweep)
12   mag_hist.append(mag)
13 plt.plot(mctime,mag_hist)
14 plt.ylim([-1.1,1.1])
15 plt.xlabel("MC time")
16 plt.ylabel("magnetization")
17 plt.show()
```

などとすると、逆温度 $\beta = 0.440687$ で大きさ 32×32 の正方イジング模型の熱浴法を Nsweep 回だけ行ってくれる。得られた磁化率のモンテカルロ法での履歴は**図 10.5** のように表示される。

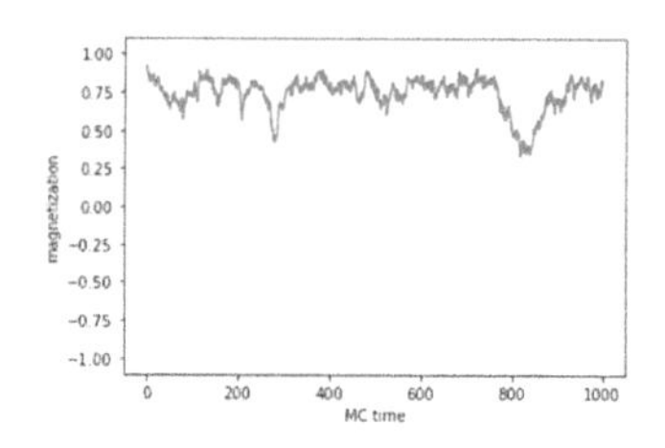

図 10.5 2次元正方イジング模型の磁化率の熱浴法での履歴。

10.3.2 熱浴法を用いたデータの準備

基本的な使い方はこれでよいが、次章ではイジング模型の相転移をニューラルネットで検出するのでそのためにデータを準備する必要がある。データの準備は極めて重要であり、ここでは上のコードを使って学習用のデータを作るコードを置いておく。

まずは、次章の実験に使うデータのシミュレーションパラメータを

ソースコード 10.3

```
1  N_dis=10**2  # 捨てる個数
2  N_trj=10**3+N_dis  # トータルのアップデート回数
3  N_sav=10  # アップデート 10回ごとに配位を保存
4  prm_list = [
5      # beta, #of_trj, #of_discard, file_name, save_every
6      [0.90, N_trj, N_dis,"conf/L32b090_", N_sav],
7      [0.85, N_trj, N_dis,"conf/L32b085_", N_sav],
8      [0.80, N_trj, N_dis,"conf/L32b080_", N_sav],
9      [0.70, N_trj, N_dis,"conf/L32b070_", N_sav],
10     [0.65, N_trj, N_dis,"conf/L32b065_", N_sav],
11     [0.60, N_trj, N_dis,"conf/L32b060_", N_sav],
12     [0.55, N_trj, N_dis,"conf/L32b055_", N_sav],
```

```
13      [0.50, N_trj, N_dis,"conf/L32b050_", N_sav],
14      [0.47, N_trj, N_dis,"conf/L32b047_", N_sav],
15      [0.42, N_trj, N_dis,"conf/L32b042_", N_sav],
16      [0.40, N_trj, N_dis,"conf/L32b040_", N_sav],
17      [0.35, N_trj, N_dis,"conf/L32b035_", N_sav],
18      [0.30, N_trj, N_dis,"conf/L32b030_", N_sav],
19      [0.25, N_trj, N_dis,"conf/L32b025_", N_sav],
20      [0.20, N_trj, N_dis,"conf/L32b020_", N_sav],
21      [0.15, N_trj, N_dis,"conf/L32b015_", N_sav],
22      [0.10, N_trj, N_dis,"conf/L32b010_", N_sav],
23      [0.05, N_trj, N_dis,"conf/L32b005_", N_sav],
24      [0.00, N_trj, N_dis,"conf/L32b000_", N_sav]
25      ]
```

としておく。このリストは β ごとに分かれたリストのリストで、それぞれは、β の値、何回アップデートするか、何回分のアップデート分を棄却するか、配位を保存するときのファイル名の先頭文字列、何回のアップデートごとに保存するか、が収まっている。逆温度 β として 0.9 から 0 までの 19 点とっており、各 β での保存される配位の数は 100 個ずつに設定されている。つまり合計 1900 個の配位がファイルとして保存される。

上のパラメータを設定した後、同じノートブックで下記のコードを実行すると、実際に 32×32 の格子の配位が conf ディレクトリの中に生成される [*25]。またスピン配位は全て揃った配位からスタートし、大きい β（低温）から順に配位を作っていく。1 つ β が終わると β を変えて前の β の配位を種にして徐々に高温（小さな β）に向かって配位を作っていくという戦略をとる [*26]。

ソースコード 10.4

```
1 # conf ディレクトリがなければ作る
2 import os
```

*25 コード中で $h = -0.0005$ と小さな外部磁場を入れている。これは実は有限体積では相転移が存在しないという事情に基づいている。詳しくは統計力学かシミュレーションの教科書を参照のこと。

*26 これは時間節約のためであり、気に入らない読者は、適切にバーンインタイムをとって各 β ごとに配位を独立に準備してもよい。

```
3 os.makedirs("conf", exist_ok = True)
4 #
5 L = [32,32]  # 格子サイズの設定
6 hz = -0.0005  # 相転移を見るために非常に弱い磁場を添加
7
8 nprm=len(prm_list)  # パラメータリストの長さを調べる
9 betas = []
10 mags = []
11 mags_er = []
12 #
13 random.seed(12345)
14 sc = init_conf()
15 # 各ベータごとにパラメータを読み出して配位を作る
16 for ibeta in range(nprm):
17   beta = prm_list[ibeta][0]
18   Nsweep = prm_list[ibeta][1]
19   Ndiscard = prm_list[ibeta][2]
20   fname = prm_list[ibeta][3]
21   save_every = prm_list[ibeta][4]
22   conf_cnt = 0
23   #
24   print(f"beta={beta} {Nsweep}")
25   mag_hist=[]
26   # 熱浴法で配位を作る
27   for isweep in tqdm(range(Nsweep)):
28     sc = heatbath(beta,hz,sc)
29     mag=magnetization(sc)
30     mag_hist.append(mag)
31     if (isweep%save_every == 0)&(isweep>=Ndiscard):
32       scn = np.array(sc)
33       np.save(f"{fname}{conf_cnt}",scn)
34       conf_cnt+=1
35   #
36   print("")
```

```
37     mag_hist=np.array(mag_hist[Ndiscard:])
38     mag = np.mean(mag_hist)
39     mag_er = np.std(mag_hist)/np.sqrt(len(mag_hist)-1)
40     #
41     betas.append(beta)
42     mags.append(mag)
43     mags_er.append(mag_er)
44 #
45 plt.xlabel(r"$\beta$")
46 plt.ylabel("magnetization")
47 plt.errorbar(betas,mags,yerr=mags_er)
48 plt.show()
```

実行が成功すると**図 10.6** のような図が得られるはずである。これを見てみると、平均場近似で得た図と（横軸の向きが異なるものの）定性的に同じであることがわかる。しかしモンテカルロ法はサンプリング回数を無限にすると厳密に期待値を評価できるため、平均場近似以上の情報を得たことになる。たとえば得られた配位を使えば単なる磁化率だけでなく、分散（2 次のモーメント）、4 次のモーメントなども計算できる。

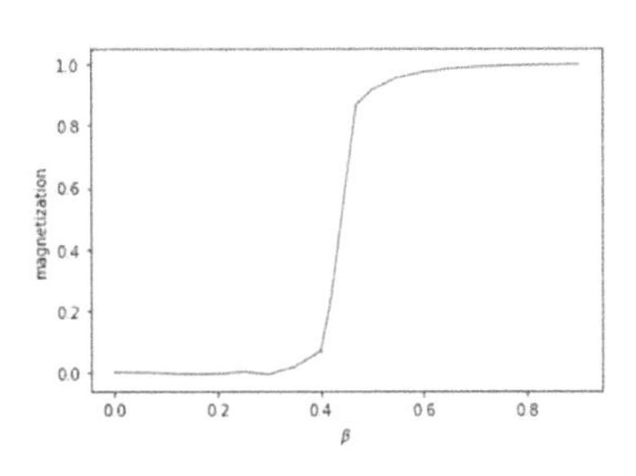

図 10.6 2 次元正方イジング模型における磁化率を逆温度の関数としてプロットしたもの。

スピン配位を実際に見てみよう（**図 10.7**）。図の白が上向きスピン、黒が下向きスピンである。左が 1 番低温（大きな β）の配位で中央が相転移の近く、右が 1 番高温（$\beta = 0$）の配位である。高温では熱ゆらぎのために各サイトのスピンがランダムになっているが低温側では揃っていることがわかる。

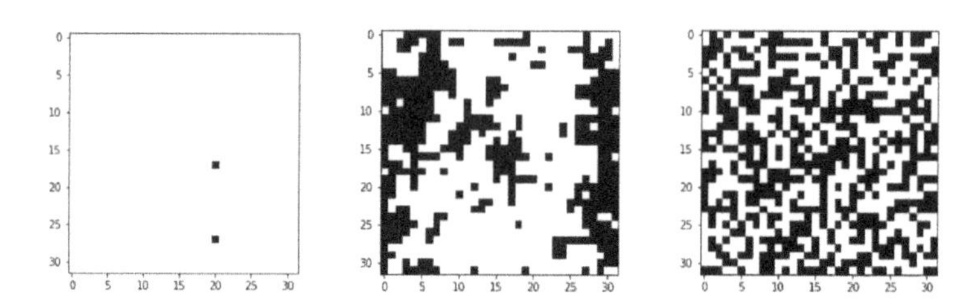

図 10.7　2 次元正方イジング模型のスピン配位。左が 1 番低温（大きな β）、中央が相転移の近く、右が 1 番高温（$\beta = 0$）である。

Column

統計力学と場の量子論

このコラムでは統計力学と場の量子論の関係を述べよう。改めて述べると統計力学とはミクロの自由度からマクロの現象を記述する学問である。元々はボルツマン（L. E. Boltzmann）という19世紀の物理学者が始めた分野で、すでに一般的になっていた熱力学をニュートン力学から補完する目的で創設された。この章で見たとおり、ミクロな事象のハミルトニアンを作ってそれの状態和がとれればマクロな現象が予言できることになる *27。

一方で、場の量子論は1927年にハイゼンベルク（W. Heisenberg）とパウリ（W. Pauli）によって創設されたとされる、現代でも未完成の理論である[81]。場の量子論は当初、電子と光子といった素粒子の量子論を記述するために使われていたが、素粒子論だけでなく物性論でも使われている非常に便利な理論である。

実は、ファインマン（R. P. Feyman）の天才的な発明である経路積分量子化とウィルソン（K. Wilson）によるくりこみ群というアイデアを合わせると、統計力学と場の量子論はある意味で等価であることがわかっている。全く違う起源、スケールをもった理論につながりが見えるというのは不思議であるが事実である。もう少し精密に言うならば、離散的な時空の上で定義した場の量子論は、形式的に統計力学とみなせる。さらにその仮想的な統計力学の（2次以上の）相転移点が連続時空の場の量子論に対応する[82–84]。そのため素粒子論を研究する研究室でも統計力学の相転移に関する知識は必須のものとなっている。逆に統計系の相転移に場の量子論からアプローチするという手法もある[85–87]。

上記の事情により、場の量子論の研究には統計力学の手法を使うことができる。特に統計力学の研究に使われるメトロポリス法を改良したHMC

10

*27　とは言うものの状態和がとれることは稀であるし、シミュレーションすることも大抵は難しい。

（Hybrid/Hamiltonian Monte-Carlo）[77] を使うと原子核の様子を素粒子レベルから量子効果を含めて計算することができ、実際にスーパーコンピュータ「富岳」でそのような計算が行われている[88, 89]。HMC はまた、場の量子論の計算を離れてベイズ統計の文脈においても使われている[17, 75, 76]。

第11章 *Nature Physics*の論文を再現しよう

本書の総まとめとして、機械学習と物理に関する*Nature Physics*の論文を再現しよう。課題として、特にイジング模型の相分類を行ってみる[2]。

11.1 論文について

2016年3月9日、スプートニク・ショックに匹敵するような技術的ブレークスルーに関するニュースが世界を駆け巡った。囲碁の世界ランカー棋士イ・セドル九段を、「人工知能」であるディープマインド社のアルファ碁（AlphaGo）が下したのだ[25]。

1997年には**ディープ・ブルー**（Deep Blue）がガルリ・カスパロフをチェスで打ち負かしたが、囲碁はその複雑性から機械が人類を打ち負かすには相当な時間が必要だろうとされていた。そんな中、アルファ碁は世界を塗り替えた*1。世界の人々は、人工知能技術であるニューラルネットワークの可能性に心を躍らせて様々な分野に活気を与え、研究を促進した。理論

*1 その後2017年の末には、複数のゲームに対応したアーキテクチャであるアルファゼロ（AlphaZero）が発表された。過去の棋譜を必要とせず、自己対戦だけで複数のゲームに強くなるものである。チェスなら4時間ほど、将棋なら2時間ほどで世界最強レベルになる。また8時間でアルファ碁ゼロ（AlphaGo Zero、AlphaGo の次期バージョン）を打ち負かした。

物理ももちろん例外ではなかった *2。

カラスクイラ (Juan Carrasquilla) とメルコー (Roger G. Melko) は、そんな 2016 年の 5 月に arXiv*3 に論文 "Machine learning phases of matter" (物質の相の機械学習) を投稿し (arXiv: 1605.01735)、後に *Nature Physics* 誌に掲載された (*Nature Physics* **13**, 431–434 (2017)) [2]。前章でも見たとおり、物理において相転移は重要な研究対象である。彼らの研究ではニューラルネットを用いての相転移の検出が可能かを検証して可能であることを示した。この章ではこの論文の一部を再現する。

この論文では、ニューラルネットを用いて 2 次元イジング模型とその類似模型である Z_2 ゲージ理論の相分類が行われた。この論文のインパクトのある部分は、正方イジング模型の配位を用いてトレーニングしたニューラルネットワークを用いて三角イジング模型配位からの相転移温度 $\frac{\ln 3}{4} \approx 0.119$ を予測したこと、相転移がはっきりしないゲージ理論の相転移を検出したことである。また結果の体積依存性から統計力学の重要な物理量である臨界指数も出せることも発見している。

この章ではこの論文の最初の部分である、正方イジング模型で訓練し、正方イジング模型の相転移を見つける部分を再現する。自明なチェックの部分であると思われるかもしれないが、研究を始めるときには、常にこのような当たり前にできるべきことから始める。この章を通して、研究という営みの香りを感じていただければ幸いである。また三角イジング模型の配位の作り方は前章の最後の方で言及したとおり、コードの少しの改造で行える。2 段階目である三角イジング模型の相転移温度の予言も、この章を読み終わった読者にとってはちょうどよい課題であると思われる。

この論文が提出された後、様々な系に対して機械学習が応用され始めた。たとえばトポロジカル物質の相構造の探索や、またイジング模型でも条件を緩和したり、ゲージ理論に対して応用されたり、弦理論に応用された例もある。このあたりの話は前著 [1] や、文献 [90]、研究会「ディープラーニングと物理学」のスライド [91] や他の研究会のスライド [92] を参照し

*2 ちなみに筆者はアルファ碁ショックを期に本格的に機械学習を学び始めた。

*3 arxiv.org というウェブサイトで、査読前、出版前の論文が投稿される。

てほしい。

さて、話を戻して論文で行われたことの概略を述べておこう。彼らは、イジング模型のスピン配位を画像のように扱い、逆温度が相転移点より上か下か、つまり無秩序相（$m=0$、高温、β は小さい）か秩序相（$m \neq 0$、低温、β は大きい）かの 2 値分類をニューラルネットで行った。学習を行った後がポイントである。

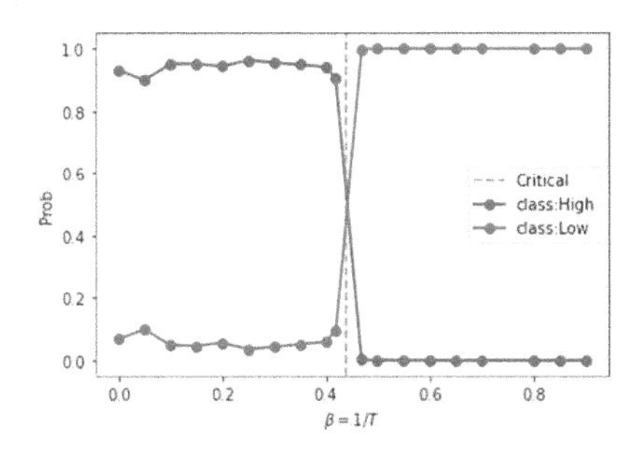

図 11.1 *Nature Physics* に掲載された結果の再現。縦軸は各相に分類される“確率”で横軸は逆温度。オレンジは無秩序相に分類される“確率”、青は秩序相に分類される“確率”。

彼らは学習済みのニューラルネットにスピン配位を入力し、その配位の逆温度の関数として出力、つまり配位がどちらの相に分類されるかをプロットした（**図 11.1**）。すると、低温では秩序相である“確率”（確信度）が高く、高温では無秩序相である“確率”が高くなる（特にほとんど 100%である）ことがわかったが、相転移温度の付近で急に確率が入れ替わることを見つけた。そして先ほど言及した点であるが、正方イジング模型で訓練したネットワークを使っても三角イジング模型の相転移温度をこの手法、すなわち確率が交差するところで見積もれることを見つけた。

この理屈は次のように論文で説明されている。まず学習のときに、スピンが揃っている配位とランダムにスピンがある配位というのをニューラルネットは学習する。しかし相転移付近では、たとえば高温側であっても秩序相に近い配位が小さくない確率で出現する。逆も同じように起こる。つまり、相転移付近ではある逆温度に対して 2 パターンの典型的な配位が混ざって学習されるわけである。そのためその領域では確率はどちらかの相の確率が 100%ではなく、片方が 90%で別の相に属するスピン配位である確率が 10% として出力しているのである。さらに相転移点ではこの傾向はさらに顕著になり、どちらの相とも判別つかずに確率がさらに等分される方向に働く。そのため、相転移温度付近では確率が交差することになる。

実際に手を動かして、どうなるかを確認してみよう。下記では前章の最後に作った配位が必要である。

11.2 データの前処理

前章の最後にイジング模型の配位は作成したが、ここではそれに対して教師ラベルの作成を行う。説明したとおり、学習の際の教師ラベルは、生成したときの逆温度が相転移温度以上か以下で分類する必要がある。下のコードでは相転移温度以上か以下かでデータを分類し教師ラベルをつける。また訓練データと検証データに分割もするが、データに通し番号をつけて偶数番目を訓練データ、奇数番目を検証データにする。これも前と同じくより良い分割比率があるはずだが、今回はこれで十分である。変数 `prm_list` を引き続き使うので前章と同じノートブックを使う方がよい。

ソースコード 11.1

```
1 nconf = 100  # 各ベータでの配位の数
2 betacr = 0.440686  # 正方イジング模型の相転移温度
3 #
4 data = []
5 labels = []
6 betas = []
7 nprm=len(prm_list)
8 for ibeta in range(nprm):
9   beta = prm_list[ibeta][0]
10   fname = prm_list[ibeta][3]
11   for itrj in range(nconf):
12     npsc = np.load(f"{fname}{itrj}.npy")
13     data.append(npsc)
```

```
14     if beta > betacr:
15       labels.append([0,1]) # 低温相の one-hot ベクトル
16     else:
17       labels.append([1,0]) # 高温相の one-hot ベクトル
18     betas.append(beta)
19 data = np.array(data)
20 labels = np.array(labels)
21 #
22 train_data=data[0::2]
23 train_labels=labels[0::2]
24 train_betas=betas[0::2]
25 #
26 val_data=data[1::2]
27 val_labels=labels[1::2]
28 val_betas=betas[1::2]
```

もしデータの準備が成功していれば、下記のコードを実行したときに、コメント文にあるような出力を得るはずである。

ソースコード 11.2

```
1 print("train_data.shape = ", train_data.shape)
2 print("val_data.shape = ", val_data.shape)
3 # train_data.shape =  (950, 32, 32)
4 # val_data.shape =  (950, 32, 32)
```

11.3 実験

この節では作成した配位を使って論文を再現する。まずは全結合ニューラルネットを試してみよう。

11.3.1 全結合ニューラルネット

まずはライブラリの読み込みである。

ソースコード 11.3

```
1 import tensorflow as tf
2 from tensorflow import keras
3 print(tf.__version__)
```

そしてモデルを組み立てる。彼らの使ったニューラルネットは非常にシンプルで、中間層が 1 層（ユニット数 100）の 2 分類を行うニューラルネットである [*4]。名前として model_FC とつけるが、FC は fully connected（全結合）の意味である。

ソースコード 11.4

```
1 tf.random.set_seed(12345)
2 model_FC = keras.Sequential([
3     keras.layers.Flatten(input_shape=(32, 32)),
4     keras.layers.Dense(100, activation='relu'),
5     keras.layers.Dense(2, activation='softmax')
6 ])
```

誤差関数は（ソフトマックス）クロスエントロピーをとり、学習は adam で行うことにする。

ソースコード 11.5

```
1 model_FC.compile(optimizer='adam',
2                  loss='categorical_crossentropy',
3                  metrics=['accuracy'])
```

学習は

ソースコード 11.6

```
1 model_FC.fit(train_data, train_labels, epochs=10)
```

だけでよい。もし必要であればアヤメの例と同じく学習履歴を見てみてもよい。

*4 特に意味はないが活性化関数は原論文のシグモイド関数から ReLU に変更した。

拍子抜けするほど簡単だと思っていただければ、これまでの説明が理解できているということなので安心してほしい。

結果のプロットは、matplotlib を用いて

ソースコード 11.7

```
xs=[]
y1s=[]
y2s=[]
Ndatamax = 950  # 検証データの総数
Nsameclass = 50  # 同じベータにある検証データの配位の数
for ii in range(0,Ndatamax,Nsameclass):
  res = model_FC(val_data[ii:ii+Nsameclass])
  x = val_betas[ii]
  y1= np.mean(res.numpy().T[0])
  y2=np.mean(res.numpy().T[1])
  xs.append(x)
  y1s.append(y1)
  y2s.append(y2)
  print(x,y1,y2)
plt.axvline(x=0.440686, ymin=0, ymax=1, ls="dashed",color="
    gray",label="Critical")
plt.plot(xs,y1s,label="class:high",marker="o",color="red")
plt.plot(xs,y2s,label="class:low",marker="o",color="blue")
plt.legend()
plt.xlabel(r"$\beta=1/T$")
plt.ylabel(r"Prob")
plt.show()
```

として行い、前に見た**図 11.1** のとおりとなった。交点の座標と厳密な相転移温度の誤差は、0.4 % であった。β の分割数が粗いにもかかわらず良い精度で決まっていることがわかる。

11.3.2 畳み込みニューラルネット

次に、論文では掲載していないが、畳み込みニューラルネットでも同じように実験を行ってみよう。`keras` で畳み込みニューラルネットワークを使うには、`keras.layers.Conv2D` を使えばよい。いくつかのパラメータがあるが下記のように設定した。モデルは、最初に畳み込み層を置き、畳み込み層の出力を `keras.layers.Flatten` を用いてベクトルにして、全結合層を 2 つ通すという構成にした。

ソースコード 11.8

```
1  tf.random.set_seed(12345)
2  model_CNN = keras.Sequential([
3      keras.layers.Conv2D(filters =  1,
4                          kernel_size=(4, 4),
5                          activation='relu',
6                          input_shape=(32, 32, 1)
7                          ),
8      keras.layers.Flatten(),
9      keras.layers.Dense(100, activation='relu'),
10     keras.layers.Dense(2, activation='softmax')
11 ])
```

学習の設定は全結合と同じで、また学習も `fit` で行える。

ソースコード 11.9

```
1 model_CNN.compile(optimizer='adam',
2                   loss='categorical_crossentropy',
3                   metrics=['accuracy'])
4 model_CNN.fit(train_data_cnn, train_labels, epochs=10)
```

結果の図のプロットも全結合の場合とほぼ同じコードで作れて、**図 11.2** のようになった。全結合での結果に比べ、相転移点の高温相側で少し傾きが急になっていることが見て取れる。これはおそらく畳み込みニューラルネットワークの高い認識性能の影響だろう。一方で交点の座標を厳密解と比較すると誤差率は 0.91%であった。全結合の結果より少し悪いがこれは

β の分割数を考えると違いがないと見るべきだろう。

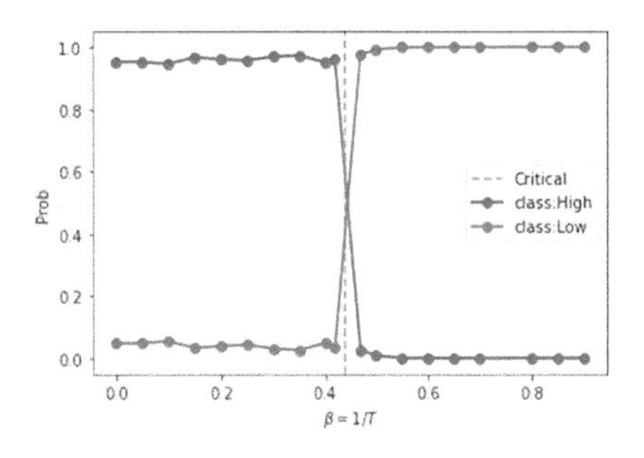

図 11.2 *Nature Physics* に掲載された実験を畳み込みニューラルネットで行った結果。縦軸は各相に分類される確率で横軸は逆温度。オレンジは無秩序相に分類される“確率”、青は秩序相に分類される“確率”。

ここまでで本書の目的は達成された。見事 *Nature Physics* の論文の一部を再現することができた。どうだっただろうか？ *Nature Physics* に掲載された理論物理の論文といえど、アイデアさえあればイジング模型という簡単な模型でかつ、3 層のニューラルネットという道具でも最先端に立てるということが理解いただけたら幸いである。

また 2016 年に提出されたこの論文は、機械学習を使った理論物理という方向性を開いた先鋒とも言える論文であるので、この本の後に一度読んでみることをおすすめする。

おわりに

この本では、高校で学習するであろう数学から始め、ニューラルネットを導入し、*Nature Physics* 誌に掲載された論文の再現まで行った。この分野の進展は速く、2020 年 8 月現在までに多くの発展があり、2016 年の論文も最新とは言えなくなってしまった。また 16 世紀のガリレオの発見からガウス・ラプラスや赤池の議論なども含めつつ現代まで至った欲張りな構成になり、消化不良になっていた部分も多かったかもしれない。本書を最後まで読み通せていれば、2016 年までの機械学習と物理の分野に追いついたと言っても過言ではないし、そこからの発展は各論であるとも言えるため、ほとんど専門家と呼ばれうるレベルだろう。もっともニューラルネットの使い方だけでなく、基礎となる確率・情報から機械学習を理解している物理の専門家はそれほど多くないように思う。もし本書を手がかりにして、さらに進んだ分野へ学習を広げたり、あるいは研究成果を出したりしていただければ、著者としてこれ以上の喜びはない。

謝辞

本書は、研究会や講義を通しての多数の方との議論に基づいて執筆された。そのような研究会などを企画運営していただいた方や、参加者の方にこの場をもって感謝する。また出渕卓氏をはじめとした理研とブルックヘブン国立研究所の研究者やスタッフの方々には特に研究面でもそれ以外でもお世話になった。彼らの理解がなければ本書は書くことができなかった。

草稿に目を通してくださったガラムカリ和さん、佐々木寿明さん、高橋啓吾さん、田中章詞さん、データサイエンス VTuber のアイシア＝ソリッドと運営の杉山聡さん、永井佑紀さん、橋本幸士さん、林祐輔さん、藤井亮宏さん、藤井浩司さん、本橋和貴さん、松岡弥樹さん（順不同）に感謝する。もちろん言うまでもないが、間違いがあれば筆者の責任である。

筆者は、研究会「ディープラーニングと物理学」の世話人および参加者の方、高性能計算物理勉強会（HPC-Phys）の世話人の方、廣瀬重信氏をはじめとするJAMSTECの方々に感謝する。特に講談社サイエンティフィクの編集の慶山篤さんには出版にあたりご尽力いただいたので、この場を借りて最大の感謝を捧げる。

進んだ文献

以下では、参考にした文献の中でも本書の次に読むとよさそうな文献などを挙げておく。

統計

統計分野については1つ章を設けたが、カバーできなかった話題も多いので、下記を参照のこと。

『確率の基礎から統計へ』[22]：数学的にきちんと確率と統計が議論されている。
『確率と統計——情報学への架橋』[23]：筆者としては上の本よりも読みやすかった。とはいえ、こちらも少し数学的である。
『人間と社会を変えた9つの確率・統計学物語』[93]：確率と統計の歴史およびフィッシャーのアヤメについての記述はこの本に拠った。
『フィールドデータによる統計モデリングとAIC』[30]：2020年現在、電子書籍を含めてAICの導出がわかりやすく書いてある文献である。
『プログラミングのための確率統計』[94]：確率変数などを数学の記法に慣れていない読者に向けて説明している。

実装

ニューラルネットを含めた機械学習の実装については、下記の文献を参照するとよい。

『機械学習のエッセンス』[95]：ロジスティック回帰なども式とプログラムが丁寧に記載されている。
『ゼロから作る Deep Learning――Python で学ぶディープラーニングの理論と実践』[96]：ライブラリに頼らずにニューラルネットを構築したい読者は必読である。
『Python ユーザのための Jupyter［実践］入門』[49]：Matplotlib などのライブラリを Jupyter notebook を合わせて効率的に使う方法がまとめられている。
『TensorFlow チュートリアル』[97]：TensorFlow を使うなら公式チュートリアルは外せない。

深層学習

深層学習についてはいろいろ書籍が出ているが、下記の 4 つを参考にした。

『これならわかる深層学習入門』[45]：幅広くニューラルネットや深層学習について説明されている。
『深層学習』[98]：筆者はこの教科書で勉強した。
『深層学習』[99]：難易度は高いが、いろいろと進んだ内容が説明されている。
『深層学習』[100]：分野の第一人者による教科書。

ベイズに基づく理論

本書ではカバーしきれなかったがベイズ的な視点から機械学習を眺めた本として以下がある。

『パターン認識と機械学習』[46]：分野における一番有名な教科書。いろいろなことが幅広く書いてある。
『ガウス過程と機械学習』[101]：帯にも書いてあるとおり、第 0 章だけでも読む価値がある。

『ベイズ深層学習』[17]：和書では類を見ない深層学習のベイズ化について説明されている。
『ベイズ統計の理論と方法』[76]：ベイズ統計の分野で信頼が置ける本といえばこの本である。情報量基準の一種である WAIC やマルコフ連鎖モンテカルロなども議論されている。

動画での学習

現代では書籍だけでなく動画でも機械学習を勉強できる。たとえば YouTube 上では

『AIcia Solid Project』[102]：バーチャルユーチューバーによる機械学習やデータサイエンス、ベイズ統計の解説。
『予備校のノリで学ぶ「大学の数学・物理」』[103]：ほとんどの動画が物理や数学の内容であるが、一部機械学習のものがある。
『Neural Network Console』[104]：深層学習についての解説がわかりやすい。

などが日本語では信頼の置ける動画であろう。

全体を参考にした文献

本書を執筆するに当たり、多くの場所を参考にした文献を挙げる。

『IT エンジニアのための機械学習理論入門』[105]：筆者はこの本を最初に読んだため、多大な影響を受けている。特にフィットに関するところなどを参考にした。
『これならわかる深層学習入門』[45]：最適化法のモーメンタムに関しての記述はこの本に拠った。
『情報の物理学』[29]：特に AIC の導出はこの本に拠った。
『数学ガール――乱択アルゴリズム』[106]：計算量オーダーはこの本を参考にした。

『数学ガールの秘密ノート――やさしい統計』[27]：大数の法則に関してはこの本を参考にした。

物理への応用

理論、実験物理でも機械学習は今後とも道具として使われていくと思うが、下記のものが役立つであろう。

『ディープラーニングと物理学――原理がわかる、応用ができる』[1]：前著であり、最新でない情報も含まれるが、それでも発展的なニューラルネットの話題や物理への応用などについて議論されている。
『物理学者、機械学習を使う――機械学習・深層学習の物理学への応用』[90]：様々な物理学者が機械学習をどう応用しているかがわかる本。
「ディープラーニングと物理学 2020」[91]：オンライン研究会であり、スライドを通して最新の話題に触れることができる。
"Physics ∩ ML"[92]：アメリカを中心としたオンライン研究会。こちらもスライドを見られる。英語であるが動画も見ることができる。

また研究会 SciDL のウェブページ[107] にある動画もおすすめである。

付 録

A.1 多変数関数の積分

ここでは1変数関数の積分での変数変換（置換積分）を多変数関数に拡張する。そこでは微分形式を用いるのが便利であるので、そこからスタートしよう[108]。

A.1.1 微分形式

u と v が x と y の関数であるとする。

$$u = \phi(x, y) \tag{A.1.1}$$

$$v = \psi(x, y) \tag{A.1.2}$$

たとえば、回転 (x, y) から θ 度回転した座標 (x', y') は本編で見たとおり

$$x' = x\cos\theta - y\sin\theta \tag{A.1.3}$$

$$y' = x\sin\theta + y\cos\theta \tag{A.1.4}$$

であったが、そのようなものである。

このときに u と v の "微分" を

$$du = \frac{\partial\phi(x, y)}{\partial x}dx + \frac{\partial\phi(x, y)}{\partial y}dy \tag{A.1.5}$$

$$dv = \frac{\partial\psi(x, y)}{\partial x}dx + \frac{\partial\psi(x, y)}{\partial y}dy \tag{A.1.6}$$

とする。多変数関数なので微分する方向が複数のため、それぞれの方向の微分を合わせたものが全体の変化になっている。左辺の量は微分形式と呼ばれるものの一種である。

ここでベクトルの外積と似た性質をもつウェッジ積（wedge product、

楔（くさび）積）

$$dx \wedge dx = 0, \quad dy \wedge dy = 0 \tag{A.1.7}$$

$$dx \wedge dy = -dy \wedge dx \tag{A.1.8}$$

を導入する。ウェッジ積は結合法則なども満たし、また実数の定数 a に対して $dx \wedge (ady) = adx \wedge dy$ も満たす。

du と dv のウェッジ積は

$$du \wedge dv = \left(\frac{\partial\phi(x,y)}{\partial x}dx + \frac{\partial\phi(x,y)}{\partial y}dy\right) \wedge \left(\frac{\partial\psi(x,y)}{\partial x}dx + \frac{\partial\psi(x,y)}{\partial y}dy\right) \tag{A.1.9}$$

$$= \frac{\partial\phi(x,y)}{\partial x}\frac{\partial\psi(x,y)}{\partial x}dx \wedge dx + \frac{\partial\phi(x,y)}{\partial x}\frac{\partial\psi(x,y)}{\partial y}dx \wedge dy + \frac{\partial\phi(x,y)}{\partial y}\frac{\partial\psi(x,y)}{\partial x}dy \wedge dx + \frac{\partial\phi(x,y)}{\partial y}\frac{\partial\psi(x,y)}{\partial y}dy \wedge dy \tag{A.1.10}$$

$$= \frac{\partial\phi(x,y)}{\partial x}\frac{\partial\psi(x,y)}{\partial y}dx \wedge dy + \frac{\partial\phi(x,y)}{\partial y}\frac{\partial\psi(x,y)}{\partial x}dy \wedge dx \tag{A.1.11}$$

$$= \left(\frac{\partial\phi(x,y)}{\partial x}\frac{\partial\psi(x,y)}{\partial y} - \frac{\partial\phi(x,y)}{\partial y}\frac{\partial\psi(x,y)}{\partial x}\right)dx \wedge dy \tag{A.1.12}$$

となる [*1]。$dx \wedge dy$ の係数部分はヤコビアン（Jacobian、ヤコビ行列式）と呼ばれ、1 変数関数に対する置換積分のときに現れた因子の拡張になっている。これは変数変換でどれくらい微小部分が変形しているかを表す量になっている。

さて極座標を導入し、ヤコビアンを計算してみよう。極座標と直交座標は

$$x = r\cos\theta \tag{A.1.13}$$

$$y = r\sin\theta \tag{A.1.14}$$

と関係づけられる。極座標では、r と θ が独立パラメータとなる。

*1 $dx \wedge dy$ の係数部分は行列式と同じ格好の積の差になっている。

x と y の r と θ に関する微分を計算すると

$$dx = \frac{\partial(r\cos\theta)}{\partial r}dr + \frac{\partial(r\cos\theta)}{\partial\theta}d\theta = \cos\theta dr - r\sin\theta d\theta \tag{A.1.15}$$

$$dy = \frac{\partial(r\sin\theta)}{\partial r}dr + \frac{\partial(r\sin\theta)}{\partial\theta}d\theta = \sin\theta dr + r\cos\theta d\theta \tag{A.1.16}$$

となる。よってウェッジ積をとると、

$$dx \wedge dy = (\cos\theta dr - r\sin\theta d\theta) \wedge (\sin\theta dr + r\cos\theta d\theta) \tag{A.1.17}$$

$$= \cos\theta\sin\theta dr \wedge dr + r\cos\theta\cos\theta dr \wedge d\theta$$
$$- r\sin\theta\sin\theta d\theta \wedge dr - r\sin\theta r\cos\theta d\theta \wedge d\theta \tag{A.1.18}$$

$$= r\cos\theta\cos\theta dr \wedge d\theta - r\sin\theta\sin\theta d\theta \wedge dr \tag{A.1.19}$$

$$= r\cos^2\theta dr \wedge d\theta + r\sin^2\theta dr \wedge d\theta = rdr \wedge d\theta \tag{A.1.20}$$

を得る。ここから

$$\int f(x,y)dxdy = \int f(r\cos\theta, r\sin\theta)rdrd\theta \tag{A.1.21}$$

となる *2。

A.1.2 ガウス積分

ここでは定積分

$$I = \int_{-\infty}^{\infty} dx\mathrm{e}^{-x^2} \tag{A.1.22}$$

を求めたい。被積分関数が非負なので $I \geq 0$ であることを後で使うことを覚えておく。

この積分は、2 乗すると計算ができる。I^2 は、

$$I^2 = \left(\int_{-\infty}^{\infty} dx\mathrm{e}^{-x^2}\right)\left(\int_{-\infty}^{\infty} dy\mathrm{e}^{-y^2}\right) \tag{A.1.23}$$

$$= \int_{-\infty}^{\infty} dx \int_{-\infty}^{\infty} dy\mathrm{e}^{-x^2}\mathrm{e}^{-y^2} \tag{A.1.24}$$

*2 微分形式を使うと曲面の向きまで込めて変数変換（座標変換）の議論ができる。

$$= \int_{-\infty}^{\infty} dx \int_{-\infty}^{\infty} dy \mathrm{e}^{-(x^2+y^2)} \tag{A.1.25}$$

となる。ここで極座標へ変換する。先ほど求めた $dxdy = rdrd\theta$ を使い、また積分範囲は

$$\begin{cases} x : -\infty \to \infty \\ y : -\infty \to \infty \end{cases} \Rightarrow \begin{cases} r : 0 \to \infty \\ \theta : 0 \to 2\pi \end{cases} \tag{A.1.26}$$

となる。これは x–y 平面の上全てで積分するのを r と θ の言葉で書き直したことに対応する。

すると積分は

$$I^2 = \int_0^{\infty} dr \int_0^{2\pi} d\theta r \mathrm{e}^{-r^2} \tag{A.1.27}$$

$$= 2\pi \int_0^{\infty} drr\mathrm{e}^{-r^2} \tag{A.1.28}$$

と変形できる。さらに変数変換 $t = r^2$, $dt = 2rdr$ をして、

$$I^2 = \pi \int_0^{\infty} dt \mathrm{e}^{-t} \tag{A.1.29}$$

$$= \pi \Big[-\mathrm{e}^{-t} \Big]_{t=0}^{t=\infty} = \pi \tag{A.1.30}$$

となる。すると $I \geq 0$ から $I = \sqrt{\pi}$ とわかる。

また実数 $a > 0$ に対して

$$I(a) = \int_{-\infty}^{\infty} dx \mathrm{e}^{-ax^2} \tag{A.1.31}$$

を考えると $\sqrt{a}x = t$, $dx = \frac{1}{\sqrt{a}} dt$ から

$$I(a) = \frac{1}{\sqrt{a}} \int_{-\infty}^{\infty} dt \mathrm{e}^{-t^2} = \sqrt{\frac{\pi}{a}} \tag{A.1.32}$$

と求まる。確率や統計で重要なのは、$a = \frac{1}{2\sigma^2}$ の場合で

$$I\left(\frac{1}{2\sigma^2}\right) = \int_{-\infty}^{\infty} dx \mathrm{e}^{-\frac{1}{2\sigma^2}x^2} = \sqrt{2\pi\sigma^2} \tag{A.1.33}$$

である。特に μ を実数として、x に関する平行移動はこの定積分の値を変えないことから、

$$\frac{1}{\sqrt{2\pi\sigma^2}}\int_{-\infty}^{\infty} dx \mathrm{e}^{-\frac{1}{2\sigma^2}(x-\mu)^2} = 1 \tag{A.1.34}$$

である。e^{-x^2} が偶関数であることから、

$$\int_{-\infty}^{\infty} dx \mathrm{e}^{-x^2} x^{2k-1} = 0 \tag{A.1.35}$$

$k = 1, 2, 3, \cdots$ である。偶数次の場合の類似式は、$\int_{-\infty}^{\infty} dx \mathrm{e}^{-ax^2} = \sqrt{\frac{\pi}{a}}$ の両辺を a で偏微分し、左辺で積分と偏微分の順序を入れ替えれば求まる。このような考え方をパラメータ微分という。

A.2 ガンマ関数

まず x を正の実数として、以下の積分を考えよう。

$$\Gamma(x) = \int_0^{\infty} dt \mathrm{e}^{-t} t^{x-1} \tag{A.2.1}$$

右辺は x の関数である。$I(x+1)$ を部分積分で評価してみると、

$$\Gamma(x+1) = \int_0^{\infty} dt \mathrm{e}^{-t} t^{x} \tag{A.2.2}$$

$$= \int_0^{\infty} dt \left(-\frac{d}{dt}\mathrm{e}^{-t}\right) t^{x} \tag{A.2.3}$$

$$= \Big[-\mathrm{e}^{-t} t^{x}\Big]_{-\infty}^{\infty} + \int_0^{\infty} dt \mathrm{e}^{-t} \frac{dt^x}{dt} \tag{A.2.4}$$

$$= x\int_0^{\infty} dt \mathrm{e}^{-t} t^{x-1} = x\Gamma(x) \tag{A.2.5}$$

となり、$\Gamma(x+1) = x\Gamma(x)$ を満たす。これは階乗の性質によく似ているが、x は整数に限らず実数でよかったので階乗の拡張になっている。これはガンマ関数と呼ばれている。$x = 1$ でのガンマ関数の値を評価してみると、(A.1.30) の結果を使うと、

$$\Gamma(1) = \int_0^{\infty} dt \mathrm{e}^{-t} = 1 \tag{A.2.6}$$

となる。これを使うと、

$$\Gamma(x) = (x-1)\Gamma(x-1) = (x-1)(x-2)\Gamma(x-2) \tag{A.2.7}$$

$$= (x-1)(x-2)\cdots 2 \times 1 \tag{A.2.8}$$

となる。この結果を見ると整数 n に対して、$(n+1)! = \Gamma(n)$ とわかる。ガンマ関数を使うと、本文で計算したようなスターリングの公式を違った視点で導出することができる。

もう1つ有名な事項として、ガンマ関数 $\Gamma(x)$ の $x = 1/2$ の値であり、

$$\Gamma\left(\frac{1}{2}\right) = \int_0^\infty dt\mathrm{e}^{-t}t^{\frac{1}{2}-1} = \int_0^\infty dt\mathrm{e}^{-t}t^{-\frac{1}{2}} \tag{A.2.9}$$

となるが、$t = z^2$ とおくと、$dt = 2zdz$ より、ガウス積分の結果を使って

$$\Gamma\left(\frac{1}{2}\right) = \int_0^\infty dz2z\mathrm{e}^{-z^2}z^{-1} = 2\int_0^\infty dz\mathrm{e}^{-z^2} = \int_{-\infty}^\infty dz\mathrm{e}^{-z^2} = \sqrt{\pi} \tag{A.2.10}$$

とわかる。この結果と $\Gamma(x+1) = x\Gamma(x)$ の公式を使うと、ガンマ関数の半整数での値がわかる。

A.3 n 次元球の体積

ここでは、ガンマ関数の応用として n 次元球の体積を見てみよう。まず半径 r の n 次元球の体積を

$$V_n(r) = S_n r^n \tag{A.3.1}$$

と置く。ここで S_n は r によらないが n に依存する数である。両辺を r で偏微分すると球の表面積と体積の関係から類推できるように、表面積がわかり、

$$\Omega_n(r) \equiv \frac{\partial V_n(r)}{\partial r} = S_n n r^{n-1} = \Omega_n r^{n-1} \tag{A.3.2}$$

となる。ここで r によらない部分（実は半径1の n 次元球の表面積）を Ω_n と書いた。

次に n 個のガウス積分は

$$I_n = \int_{-\infty}^{\infty} dx_1 \cdots \int_{-\infty}^{\infty} dx_n \mathrm{e}^{-(x_1^2+x_2^2+x_d^2+\cdots+x_n^2)} \tag{A.3.3}$$

であり、この積分を評価する。この積分はガウス積分の結果

$$I = \int_{-\infty}^{\infty} dx \mathrm{e}^{-x^2} = \sqrt{\pi} \tag{A.3.4}$$

を使うと、

$$I_n = \pi^{n/2} \tag{A.3.5}$$

とひとまずわかる。

一方で、$r^2 = x_1^2 + x_2^2 + x_d^2 + \cdots + x_n^2$ として n 次元極座標をとってもこの積分を評価できる。このとき、積分は r に関するものと、角度によるものに分割される。角度に関する部分は表面積が出てくる [*3] ことを使うと積分は、

$$\begin{aligned} I_n &= \int_0^{\infty} dr \Omega_n(r) \mathrm{e}^{-r^2} && \text{(A.3.6)} \\ &= \Omega_n \int_0^{\infty} dr r^{n-1} \mathrm{e}^{-r^2} && \text{(A.3.7)} \\ &= \Omega_n \frac{1}{2} \int_0^{\infty} d(r^2)(r^2)^{\frac{n}{2}-1} \mathrm{e}^{-r^2} && \text{(A.3.8)} \end{aligned}$$

となる。この積分はガンマ関数を用いると、

$$I_n = \frac{\Omega_n}{2} \Gamma\left(\frac{n}{2}\right) \tag{A.3.9}$$

となる。

以上をまとめると、n 次元の半径 1 の球の表面積

$$\Omega_n = \frac{2\pi^{n/2}}{\Gamma\left(\frac{n}{2}\right)} \tag{A.3.10}$$

を得る。ここから半径 r の n 次元球の表面積は、

*3　2 次元のときには、先のガウス積分の式 (A.1.27) を見ると $dx_1 dx_2$ の部分は $2\pi dr r$ となっている。

$$\Omega_n(r) = \frac{2\pi^{n/2}}{\Gamma\left(\frac{n}{2}\right)} r^{d-1} \tag{A.3.11}$$

となる。ここから、半径 r の n 次元球の表面積を半径 r で積分すると n 次元球の体積がわかる。

$$V_n(r) = \frac{2\pi^{n/2}}{\Gamma\left(\frac{n}{2}\right)} \int_0^r dr'(r')^{n-1} = \frac{2\pi^{n/2}}{\Gamma\left(\frac{n}{2}\right)} \frac{1}{n} r^n \tag{A.3.12}$$

試しに $n=3$ として 3 次元球の体積を求めてみよう。まずそのまま代入すると、

$$V_3(r) = \frac{2\pi^{3/2}}{\Gamma\left(\frac{3}{2}\right)} \frac{1}{3} r^3 \tag{A.3.13}$$

である。$\Gamma\left(\frac{3}{2}\right) = \Gamma\left(\frac{1}{2}+1\right) = \frac{1}{2}\sqrt{\pi}$ なので

$$V_3(r) = \frac{2\pi^{3/2}}{\frac{1}{2}\sqrt{\pi}} \frac{1}{3} r^3 = \frac{4\pi}{3} r^3 \tag{A.3.14}$$

と知っているものが導出でき、正しそうなことがわかる。第 5 章の「次元の呪い」のコラムで説明した事項は、この事実を元にした。

参考文献

[1] 田中章詞，富谷昭夫，橋本幸士.『ディープラーニングと物理学——原理がわかる、応用ができる』. 講談社，2019.

[2] J. Carrasquilla and R. G. Melko. "Machine learning phases of matter." *Nature Physics* **13**, 431–434, 2017.

[3] G. ガリレイ（著），青木靖三（訳）.『天文対話〈上〉』（岩波文庫）. 岩波書店，1959.

[4] J. K. Rowling. *Harry Potter and the Order of the Phoenix*. Arthur A. Levine Books, 2003.

[5] J. マクラクラン（著），O. ギンガリッチ（編集代表），野本陽代（訳）.『ガリレオ・ガリレイ——宗教と科学のはざまで』（オックスフォード科学の肖像）. 大月書店，2007.

[6] J. R. Taylor（著），林茂雄，馬場凉（訳）.『計測における誤差解析入門』. 東京化学同人，2000.

[7] H. J. C. Berendsen（著），林茂雄，馬場凉（訳）.『データ・誤差解析の基礎』. 東京化学同人，2013.

[8] H. Akaike. "Information theory and an extension of the maximum likelihood principle." In *Selected Papers of Hirotugu Akaike* (Springer Series in Statistics), E. Parzen, K. Tanabe and G. Kitagawa (eds.), pp. 199–213, Springer, 1998.

[9] 結城浩.『数学ガール』. SB クリエイティブ，2007.

[10] 藤原邦男.『物理学序論としての力学』（基礎物理学）. 東京大学出版会，1984.

[11] J. R. ヴォールケル（著），O. ギンガリッチ（編集代表），林大（訳）.『ヨハネス・ケプラー——天文学の新たなる地平へ』（オックスフォード科学の肖像）. 大月書店，2010.

[12] J. マクラクラン（著），O. ギンガリッチ（編集代表），林大（訳）.『コペルニクス——地球を動かし天空の美しい秩序へ』（オックスフォード科学の肖像）. 大月書店，2008.

[13] 三﨑律日.『奇書の世界史——歴史を動かす“ヤバい書物”の物語』. KADOKAWA，2019.

[14] G. E. クリスティアンソン（著），O. ギンガリッチ（編集代表），林大（訳）『ニュートン——あらゆる物体を平等にした革命』（オックスフォード科学の肖

像). 大月書店, 2009.

[15] Y. Koide. "A new view of quark and lepton mass hierarchy." *Physical Review D* **28**, 252–254, 1983.

[16] S.-I. Amari. "Characteristics of randomly connected threshold-element networks and network systems." *Proceedings of the IEEE* **59**, 1, 35–47, 1971.

[17] 須山敦志.『ベイズ深層学習』(機械学習プロフェッショナルシリーズ). 講談社, 2019.

[18] J. Pennington, S. S. Schoenholz and S. Ganguli. "Resurrecting the sigmoid in deep learning through dynamical isometry: Theory and practice." *Proceedings of the 31st International Conference on Neural Information Processing Systems* (NIPS 2017), 4788–4798, 2017.

[19] S. S. Schoenholz, J. Gilmer, S. Ganguli and J. Sohl-Dickstein. "Deep information propagation." *Proceedings of 5th International Conference on Learning Representations* (ICLR 2017), `https://openreview.net/forum?id=H1W1UN9gg`

[20] 原啓介.『線形性・固有値・テンソル——〈線形代数〉応用への最短コース』. 講談社, 2019.

[21] A. W. Harrow, A. Hassidim and S. Lloyd. "Quantum algorithm for linear systems of equations." *Physical Review Letters* **103**, 150502, 2009.

[22] 吉田伸生.『確率の基礎から統計へ』. 遊星社, 2012.

[23] 渡辺澄夫, 村田昇.『確率と統計——情報学への架橋』. コロナ社, 2005.

[24] P.-S. ラプラス(著), 竹下貞雄(訳).『ラプラスの天体力学論〈1〉』. 大学教育出版, 2012.

[25] 大槻知史, 三宅陽一郎.『最強囲碁 AI アルファ碁解体新書 [増補改訂版]』. 翔泳社, 2018.

[26] 久保隆宏.『Python で学ぶ強化学習 [改訂第 2 版] ——入門から実践まで』(機械学習スタートアップシリーズ). 講談社, 2019.

[27] 結城浩.『数学ガールの秘密ノート——やさしい統計』. SB クリエイティブ, 2016.

[28] 藤原彰夫.『情報幾何学の基礎』(数理情報科学シリーズ). 牧野書店, 2015.

[29] 豊田正.『情報の物理学』(物理のたねあかし). 講談社, 1997.

[30] 島谷健一郎.『フィールドデータによる統計モデリングと AIC』(ISM シリーズ:進化する統計数理). 近代科学社, 2012.

[31] 中川徹, 小柳義夫.『最小二乗法による実験データ解析 [新装版] ——プログラム SALS』(UP 応用数学選書). 東京大学出版会, 2018.

[32] 甘利俊一.『情報理論』(ちくま学芸文庫). 筑摩書房, 2011.

[33] V. Stanev, C. Oses, A. G. Kusne, E. Rodriguez, J. Paglione, S. Curtarolo and I. Takeuchi. "Machine learning modeling of superconducting critical temperature." *npj Computational Materials* **4**, 29, 2018.

[34] W. S. McCulloch and W. Pitts. "A logical calculus of the ideas immanent in nervous activity." *The Bulletin of Mathematical Biophysics* **5**, 115–133, 1943.

[35] G. Cybenko. "Approximation by superpositions of a sigmoidal function". *Mathematics of Control, Signals and Systems* **2**, 303–314, 1989.

[36] M. Nielsen. "A visual proof that neural nets can compute any function." In *Neural Networks and Deep Learning*, Determination Press, 2015, last modified December 26, 2019 (accessed July 2020), `http://neuralnetworksanddeeplearning.com/chap4.html`

[37] 大栗博司.『強い力と弱い力——ヒッグス粒子が宇宙にかけた魔法を解く』(幻冬舎新書). 幻冬舎, 2013.

[38] 大栗博司.『大栗先生の超弦理論入門』(ブルーバックス). 講談社, 2013.

[39] R. A. Fisher. "The use of multiple measurements in taxonomic problems." *Annals of Eugenics* **7**, 179–188, 1936.

[40] Y. Bengio, A. Courville and P. Vincent. "Representation learning: A review and new perspectives." *IEEE Transactions on Pattern Analysis and Machine Intelligence* **35**, 8, 1798–1828, 2013.

[41] Y. LeCun, C. Cortes and C. J. C. Burges. "The MNIST database of handwritten digits." Accessed July 2020. `http://yann.lecun.com/exdb/mnist/`

[42] F. Chollet (著), 株式会社クイープ (訳), 巣籠悠輔 (監訳).『Python と Keras によるディープラーニング』. マイナビ出版, 2018.

[43] G. Yang. "Scaling limits of wide neural networks with weight sharing: Gaussian process behavior, gradient independence, and neural tangent kernel derivation." arXiv preprint, arXiv:1902.04760, 2019.

[44] D. E. Rumelhart, G. E. Hinton and R. J. Williams. "Learning representations by back-propagating errors." *Nature* **323**, 533–536, 1986.

[45] 瀧雅人.『これならわかる深層学習入門』(機械学習スタートアップシリーズ). 講談社, 2017.

[46] C. M. ビショップ (著), 元田浩, 栗田多喜夫, 樋口知之, 松本裕治, 村田昇 (監訳).『パターン認識と機械学習〈上〉』. 丸善出版, 2012.

[47] E. S. Raymond, Thyrus Enterprises (著), 山形浩生, 村川泰, Takachin (訳).『ハッカーになろう (How To Become A Hacker)』. 原訳 1997, 最終修正 2017, 2020 年 7 月アクセス. `https://cruel.org/freeware/hacker.html`

[48] ファインマン，ゴットリーブ，レイトン（著），戸田盛和，川島協（訳）．『ファインマン流 物理がわかるコツ［増補版］』．岩波書店，2015.

[49] 池内孝啓，片柳薫子，岩尾エマはるか，@driller.『Python ユーザのための Jupyter［実践］入門』．技術評論社，2017.

[50] W. McKinney（著），瀬戸山雅人，小林儀匡，滝口開資（訳）．『Python によるデータ分析入門［第 2 版］——NumPy，pandas を使ったデータ処理』．オライリージャパン，2018.

[51] M. Abadi et al. "TensorFlow: Large-scale machine learning on heterogeneous systems." arXiv preprint, arXiv:1603.04467, 2016. Software available from www.tensorflow.org.

[52] 清水明．『量子論の基礎——その本質のやさしい理解のために』．サイエンス社，2004.

[53] J. Frankle and M. Carbin. "The lottery ticket hypothesis: Finding sparse, trainable neural networks." arXiv preprint, arXiv:1803.03635, 2018.

[54] N. Qian. "On the momentum term in gradient descent learning algorithms." *Neural Networks* **12**, 145–151, 1999.

[55] D. P. Kingma and J. Ba. "Adam: A method for stochastic optimization." arXiv preprint, arXiv:1412.6980, 2014.

[56] G. França, D. P. Robinson and R. Vidal. "ADMM and accelerated ADMM as continuous dynamical systems." *Proceedings of the 35th International Conference on Machine Learning* (ICML 2018), 1559–1567, 2018.

[57] 後藤正幸，小林学．『入門 パターン認識と機械学習』．コロナ社，2014.

[58] K. He, X. Zhang, S. Ren and J. Sun. "Deep residual learning for image recognition." *2016 IEEE Conference on Computer Vision and Pattern Recognition* (CVPR), 770–778, 2016.

[59] R. T. Q. Chen, Y. Rubanova, J. Bettencourt and D. Duvenaud. "Neural ordinary differential equations." *Proceedings of the 32nd International Conference on Neural Information Processing Systems* (NIPS 2018), 6572–6583, 2018.

[60] S. Ioffe and C. Szegedy. "Batch normalization: Accelerating deep network training by reducing internal covariate shift." *Proceedings of the 32nd International Conference on Machine Learning* (ICML 2015), 448–456, 2015.

[61] S. Santurkar, D. Tsipras, A. Ilyas and A. Madry. "How does batch normalization help optimization?" *Proceedings of the 32nd International Conference on Neural Information Processing Systems* (NIPS 2018), 2488–2498, 2018.

[62] T. S. Cohen and M. Welling. "Group equivariant convolutional networks." *Proceedings of the 33rd International Conference on Machine Learning* (ICML 2016), 2990–2999, 2016.

[63] T. S. Cohen, M. Geiger, J. Köhler and M. Welling. "Spherical CNNs." *Proceedings of the 6th International Conference on Learning Representations* (ICLR 2018), `https://openreview.net/forum?id=Hkbd5xZRb`

[64] T. S. Cohen, M. Weiler, B. Kicanaoglu and M. Welling. "Gauge equivariant convolutional networks and the icosahedral CNN." *Proceedings of the 36th International Conference on Machine Learning* (ICML 2019), 1321–1330, 2019.

[65] L. Ruthotto. "Deep Neural Networks motivated by PDEs." Presentation slides, 2018 (accessed July 2020). `https://gateway.newton.ac.uk/sites/default/files/asset/doc/1805/2018-DeepLearning-beamer_0.pdf`

[66] 西住流.『画像処理アルゴリズム入門』. 工学社, 2018.

[67] L. ダ・ヴィンチ (著), 杉浦明平 (訳).『レオナルド・ダ・ヴィンチの手記〈下〉』(岩波文庫). 岩波書店, 1958.

[68] 田崎晴明.「スピンはそろう——強磁性の起源をめぐる理論」.『日本物理学会誌』**51**, 10, 741–747, 1996.

[69] 高橋慶紀.「磁性理論」. 講義ノート, 2020 年 7 月アクセス. `https://www.sci.u-hyogo.ac.jp/material/theory2/takahash/lectures/magnetism/`

[70] 田崎晴明.『統計力学 I』(新物理学シリーズ). 培風館, 2008.

[71] 田崎晴明.『統計力学 II』(新物理学シリーズ). 培風館, 2008.

[72] 宮下精二.『ゆらぎと相転移』. 丸善出版, 2018.

[73] 立川裕二.「現代物理学 (2020)」. 講義ノート, 2020 年 7 月アクセス. `https://member.ipmu.jp/yuji.tachikawa/lectures/2020-komaba/`

[74] J. B. Kogut. "An introduction to lattice gauge theory and spin systems." *Reviews of Modern Physics* **51**, 659–713, 1979.

[75] 豊田秀樹.『基礎からのベイズ統計学——ハミルトニアンモンテカルロ法による実践的入門』. 朝倉書店, 2015.

[76] 渡辺澄夫.『ベイズ統計の理論と方法』. コロナ社, 2012.

[77] S. Duane, A. D. Kennedy, B. J. Pendleton and D. Roweth. "Hybrid Monte Carlo." *Physics Letters B* **195**, 216–222, 1987.

[78] M. Creutz, L. Jacobs and C. Rebbi. "Monte Carlo study of Abelian lattice gauge theories." *Physical Review D* **20**, 1915–1922, 1979.

[79] S. Geman and D. Geman. "Stochastic relaxation, Gibbs distributions, and the Bayesian restoration of images." *IEEE Transactions on Pattern Analysis and Machine Intelligence* **6**, 721–741, 1984.

[80] 大川正典，石川健一．『格子場の理論入門』(SGC ライブラリ)．サイエンス社，2018.

[81] W. Pauli and W. Heisenberg. "Zur Quantendynamik der Wellenfelder." *Zeitschrift für Physik*, **56**, 1–61, 1929.

[82] K. G. Wilson and J. Kogut. "The renormalization group and the ϵ expansion." *Physics Reports* **12**, 75–199, 1974.

[83] 園田英徳．『今度こそわかるくりこみ理論』．講談社，2014.

[84] 新井朝雄，河東泰之，原隆，廣島文生．『量子場の数理』(数理物理の最前線)．数学書房，2014.

[85] 中山優．『高次元共形場理論への招待——3 次元臨界 Ising 模型を解く』(SGC ライブラリ)．サイエンス社，2019.

[86] 疋田泰章．『共形場理論入門——基礎からホログラフィへの道』．講談社，2020.

[87] 伊藤克司．『共形場理論——現代数理物理の基礎として』(SGC ライブラリ)．サイエンス社，2011.

[88] 青木慎也．『格子上の場の理論』(シュプリンガー現代理論物理学シリーズ)．丸善出版，2012.

[89] 青木慎也 (著)，須藤彰三，岡真 (監修)．『格子 QCD によるハドロン物理——クォークからの理解』(基本法則から読み解く物理学最前線)．共立出版，2017.

[90] 橋本幸士 (編)，橋本幸士ほか (著)．『物理学者、機械学習を使う——機械学習・深層学習の物理学への応用』．朝倉書店，2019.

[91] 橋本幸士，富谷昭夫，永井佑紀，田中章詞 (世話人)．「ディープラーニングと物理学 2020」．オンラインセミナーシリーズ，2020–. `https://cometscome.github.io/DLAP2020/`

[92] G. Yang, J. Halverson, S. Krippendorf, F. Ruehle, R.-K. Seong and G. Shiu (organizers). "Physics ∩ ML." Online workshop, 2019, last modified May 2020. `https://www.microsoft.com/en-us/research/event/physics-ml-workshop/`

[93] 松原望．『人間と社会を変えた 9 つの確率・統計学物語』．SB クリエイティブ，2015.

[94] 平岡和幸，堀玄．『プログラミングのための確率統計』．オーム社，2009.

[95] 加藤公一．『機械学習のエッセンス——実装しながら学ぶ Python，数学，アルゴリズム』．SB クリエイティブ，2018.

[96] 斎藤康毅．『ゼロから作る Deep Learning——Python で学ぶディープラーニングの理論と実装』．オライリー・ジャパン，2016.

[97] Google.「TensorFlow チュートリアル」．`https://www.tensorflow.org/tutorials`

[98] 岡谷貴之．『深層学習』(機械学習プロフェッショナルシリーズ)．講談社，2015.

[99] 人工知能学会（監修），神嶌敏弘（編），麻生英樹，安田宗樹，前田新一，岡野原大輔，岡谷貴之，久保陽太郎，ボレガラ ダヌシカ（著）.『深層学習』. 近代科学社，2015.

[100] I. Goodfellow, Y. Bengio, A. Courville（著），岩澤有祐，鈴木雅大，中山浩太郎，松尾豊（監訳）.『深層学習』. KADOKAWA，2018.

[101] 持橋大地，大羽成征.『ガウス過程と機械学習』（機械学習プロフェッショナルシリーズ）. 講談社，2019.

[102] アイシア＝ソリッド.『AIcia Solid Project』. YouTube チャンネル，2018–. https://www.youtube.com/channel/UC2lJYodMaAfFeFQrGUwhlaQ

[103] ヨビノリたくみ.『予備校のノリで学ぶ「大学の数学・物理」』. YouTube チャンネル，2017–. https://www.youtube.com/c/yobinori

[104] ソニーネットワークコミュニケーションズ株式会社.『Neural Network Console』. YouTube チャンネル，2017–. https://www.youtube.com/c/NeuralNetworkConsole

[105] 中井悦司.『IT エンジニアのための機械学習理論入門』. 技術評論社，2015.

[106] 結城浩.『数学ガール——乱択アルゴリズム』. SB クリエイティブ，2011.

[107] N. B. Erichson, M. W. Mahoney, T. Smidt, S. L. Brunton and J. N. Kutz (organizers). “1st Workshop on Scientific-Driven Deep Learning (SciDL).” Online workshop, 2020. https://bids.berkeley.edu/events/1st-workshop-scientific-driven-deep-learning-scidl

[108] 和達三樹.『微分・位相幾何』（理工系の基礎数学）. 岩波書店，1996.

索引

な行

は行

ま行

や・ら・わ行

著者紹介

富谷昭夫（とみやあきお）　博士（理学）
2015年　大阪大学大学院理学研究科物理学専攻博士後期課程修了
現　在　理化学研究所基礎科学特別研究員（理研 BNL 研究センター計算物理研究グループ）
著　書　（共著）『ディープラーニングと物理学——原理がわかる、応用ができる』講談社（2019）

NDC007　254p　21cm

これならわかる機械学習入門（きかいがくしゅうにゅうもん）

2021年3月25日　第1刷発行

著　者　富谷昭夫（とみやあきお）
発行者　髙橋明男
発行所　株式会社　講談社
〒112-8001　東京都文京区音羽 2-12-21
販売　(03)5395-4415
業務　(03)5395-3615
編　集　株式会社　講談社サイエンティフィク
代表　堀越俊一
〒162-0825　東京都新宿区神楽坂 2-14　ノービィビル
編集　(03)3235-3701
本文データ制作　藤原印刷　株式会社
カバー・表紙印刷　豊国印刷　株式会社
本文印刷・製本　株式会社　講談社

Printed in Japan

ISBN 978-4-06-522549-3